Oliver Bender, Sigrun Kanitscheider, Alfred K. Treml† (Hg.)

100 Jahre Otto Koenig

matreier Gespräche
Otto-Koenig-Gesellschaft, Wien

Schriftenreihe der
Otto-Koenig-Gesellschaft, Wien

40. *matreier* Gespräche zur Kulturethologie,
Teilband 1

2014

100 Jahre Otto Koenig

Pionier in Naturschutz und Kulturethologie

Im Auftrag des Matreier Kreises
herausgegeben von
Oliver Bender, Sigrun Kanitscheider und Alfred K. Treml†

Umschlaggestaltung, Satz, Layout: Oliver Bender, Sigrun Kanitscheider
Titelbild: „Otto Koenig"

Herstellung und Verlag:
BoD – Books on Demand, Norderstedt.

Bibliographische Information der Deutschen Nationalbibliothek
Die Deutsche Nationalbibliothek verzeichnet diese Publikation in der
Deutschen Nationalbibliographie; detaillierte bibliographische Daten sind
im Internet über http://dnb.d-nb.de abrufbar.

ISBN 978-3-7392-0349-2

Inhalt

Vorwort

Für eine ganze Generation umweltinteressierter Österreicher war der Verhaltensforscher und Naturschützer Otto Koenig eine zentrale und polarisierende Persönlichkeit. Präsent durch Bücher, Radio und Fernsehen und zugleich ein publikumsnaher Forscher zum „Angreifen". Es ist jedoch erstaunlich, wie kurzlebig das Gedächtnis der Medien ist: Schülern, Studenten und auch jüngeren Entscheidungsträgern aus Wirtschaft und Politik ist der Name Otto Koenig kein Begriff mehr.

Im Jahr 2014 fanden die 40. Matreier Gespräche statt und der Geburtstag Otto Koenigs jährte sich zum 100. Mal. Es war also naheliegend, das Werk Otto Koenigs im Rahmen der alljährlich stattfindenden Tagung aus wissenschaftlicher Sicht hinsichtlich seiner Nachhaltigkeit zu hinterfragen und in einen aktuellen Kontext zu stellen. Die Beiträge des vorliegenden Sammelbandes lassen sich in zwei Bereiche gliedern: Erstens die Auseinandersetzung mit der Kulturethologie im Allgemeinen und dem „Urmotiv Auge" im Speziellen und zweitens Otto Koenigs Engagement für den Naturschutz. Das „Urmotiv Auge", das im Jahr 1975 im Piper Verlag erschienen ist, wird aus Sicht eines Psychoanalytikers evaluiert, der den Wert der Arbeit hervorhebt und sich mit den Methoden und Otto Koenigs Verhältnis zur Psychologie kritisch auseinandersetzt (Ein Psychoanalytiker liest Otto Koenigs „Urmotiv Auge"). Auch ein kunsthistorischer Beitrag befasst sich mit dem „Urmotiv Auge" und stellt Bezüge zu aktuellen Forschungsergebnissen her (Otto Koenigs „Urmotiv Auge" revisited). Drei Beiträge beschäftigen sich mit dem Lebenswerk Otto Koenigs als Gesamtheit, allerdings mit unterschiedlichen Schwerpunkten und Sichtweisen, die sich aus den fachlichen Kompetenzen der Autoren, Pädagogik, Theologie und Ethologie ergeben (Otto Koenig 100 Jahre – Einschätzungen eines Freundes und eines Wegbegleiters in Ökologie und Kulturethologie; Theologie und Ethologie – Persönliche Bemerkungen zu ihrem Verhältnis; Die Ideenwelt Otto Koenigs aus heutiger Sicht). Mit Otto Koenigs Wirkung auf den Naturschutz befassen sich die Beiträge von langjährigen Weggefährten, die sowohl die Kontroversen aus den 1980er Jahren aus heutiger Sicht Revue passieren lassen, als auch die Entstehung der aktuellen Werkzeuge des Naturschutzes aus Otto Koenigs Ideen herleiten (Lebensraum aus zweiter Hand – Dialog zwischen Ökonomie und Ökologie; Otto Koenigs

Naturschutzgedanke: Wie hat sich der Zugang zum Naturschutz und zu dessen Umsetzung im Lauf der Zeit verändert?).

Der vorliegende Band eröffnet eine offene, kritische und interdisziplinäre Sichtweise auf das Lebenswerk eines Mannes, das bis heute in unsere Gesellschaft hineinwirkt.

Bernhart Ruso

Zum Schluss bleibt wieder herzlich zu danken: der Gemeinde Matrei in Osttirol und der Familie Hradecky im Gasthof Hinteregger für die Gastfreundschaft, der Otto-Koenig-Gesellschaft und ihren Unterstützerinnen und Unterstützern für die Ausrichtung der Tagung, dem Institut für Interdisziplinäre Gebirgsforschung der Österreichischen Akademie der Wissenschaften für das Lektorat des Bandes und vor allem den bei der Tagung referierenden Kolleginnen und Kollegen, die wiederum pünktlich ihre Manuskripte zur Verfügung gestellt haben.

Innsbruck, im Oktober 2015

Für das Herausgeberteam
Oliver Bender und Sigrun Kanitscheider

Max Liedtke

Otto Koenig 100 Jahre –
Einschätzungen eines Freundes und eines
Wegbegleiters in Ökologie und Kulturethologie[1]

Zusammenfassung

Es werden zunächst die nach Meinung des Autors besonderen Lebensleistungen Koenigs dargestellt. Dazu zählen Koenigs Leistungen als langjähriger Fernsehmoderator und als Naturschützer, der den Weg vom allein konservierenden Naturschutz („Panoramaschutz") zu einem auch Eingriffe des Menschen duldenden, ökologisch durchdachten „Systemschutz" gegangen ist. Die größte wissenschaftliche Leistung Koenigs wird in der Entwicklung der Kulturethologie gesehen, nach der sich auch alle kulturellen, das heißt alle lernabhängig entwickelten Phänomene vergleichbar den aus der biologischen Evolution bekannten Verlaufsformen verhalten. Die freundschaftlichen Beziehungen zwischen Autor und Koenig werden auf dem Hintergrund eines Briefes, den Koenig kurz vor seinem Tod an den Autor geschrieben hat, umrissen. Schließlich wird Koenigs Biografie in einigen Beispielen in „kulturethologischen Blick" genommen, wobei mit besonderer Ausführlichkeit die ambivalente Entwicklung der Kulturethologie betrachtet wird.

1 Otto Koenig: Spuren in der Geschichte?

Professor Otto Koenig wäre am 23. Oktober 2014 einhundert Jahre geworden. Er ist aber am 5. Dezember 1992 in Klosterneuburg gestorben, als in Matrei/Osttirol gerade die 18. Tagung der von ihm begründeten Matreier Gespräche lief. Seine zum Tode führende ernste Erkrankung hatte es ihm schon nicht mehr erlaubt, nach Matrei anzureisen. Er hatte mich deswegen gebeten, ihn zu vertreten und die anstehende Tagung zu leiten. Um den Ablauf der Tagung nicht zu stören, hat Lilli Koenig den Tod ihres Mannes erst am 7.12.1992 bekannt geben lassen. So haben wir erst auf der Heimreise aus Radio und Fernsehen von seinem Tod erfahren. Otto Koenigs

---

[1] In diesem Abschnitt orientiere ich mich an meinem Begleitwort (Liedtke 2013) zu Lukschanderl (2013, 16–21).

Bekanntheitsgrad in Österreich und in den angrenzenden – besonders deutschsprachigen – Gebieten war durch seine fast vier Jahrzehnte während Medienpräsenz außerordentlich groß. Ob man ihn nun schätzte, verehrte, beneidete oder bekämpfte, unberührt blieb in diesem Raum kaum jemand von der Todesnachricht.

Aber Otto Koenigs Publizität war keineswegs nur das Produkt seiner medialen Ausstrahlung oder seiner Fähigkeit, Inhalte mit großer journalistischer und schauspielerischer Gewandtheit zu vermitteln. Die Inhalte waren seine Inhalte, aus eigener Kompetenz entsprungen, und sein Engagement war nicht gespielt, es war sein Engagement. Mindestens denen, die ihn aufmerksamer beobachtet, die ihn näher gekannt hatten, war bewusst, dass mit Otto Koenig ein großartiger Mensch gestorben war, ein Mensch, der tiefe Spuren in Österreich hinterlassen hat, ein Wissenschaftler, der Anstöße gegeben hat, Anstöße, deren wissenschaftliche Bedeutung immer noch nicht hinreichend erkannt und gewürdigt worden ist.

Zu den Spuren, die zunächst Österreich betreffen, zählen nach meiner Ansicht:

- Otto Koenig gehört zu den großen Gestalten der Fernsehgeschichte Österreichs. Koenig war mit seiner Sendung, die zuletzt den Titel „Rendezvous mit Tier und Mensch" trug und die von den frühen Anfängen des österreichischen Fernsehens im Jahre 1956 bis 1992 regelmäßig ausgestrahlt wurde, mindestens monatlich durch Jahrzehnte „fernsehpräsent". Seine Sendung galt 1992 als „die älteste gleichbleibende Fernsehreihe im deutschsprachigen Raum" (Lukschanderl 2013, 177). Er hat Fernsehgeschichte gemacht.
- Otto Koenig hat tiefe Spuren in der Geschichte des österreichischen Naturschutzes hinterlassen. Zu den zentralen Themen der Fernsehsendungen Koenigs zählte der Naturschutz. Aber Naturschutz war bereits Koenigs Thema und Anliegen, als ihn ab etwa 1930 Fauna und Flora des Neusiedlersees gepackt hatten und er dann durch Publikationen und konkrete Arbeit für den Naturschutz warb und wirkte. Schon 1937 ist er mit der „Goldmedaille des Österreichischen Tierschutzvereines" ausgezeichnet worden. Aber durch seine spätere Fernsehpräsenz hat Otto Koenig wie kaum ein zweiter die Idee des Naturschutzes in Österreich verbreiten können. Man wird auch keine Geschichte des Naturschutzes in Österreich schreiben können, ohne Otto Koenig zu nennen.

- Eine weitere tiefe Spur hat Otto Koenig durch seine energische Mitwirkung bei dem langjährigen und höchst mühevollen Kampf gegen die Einrichtung von Atomkraftwerken in Österreich hinterlassen. Dieser Kampf ist mit dem Namen der Marktgemeinde Zwentendorf verbunden. Die Gegenwehr gegen den Bau des Atomkraftwerkes Zwentendorf lief schon seit den ersten Planungen. Erfolgreich war sie erst 1978, als die Inbetriebnahme durch eine Volksabstimmung gestoppt wurde. Angesichts der schweren Atomunfälle von Tschernobyl (1986) und Fukushima (2011) und angesichts der wachsenden internationalen Probleme bei der Suche nach Endlagerstätten für den Atommüll war der Widerstand gegen den Bau von Atomkraftwerken in Österreich wohl sehr weitsichtig, und Österreich hat allen Anlass, den „Widerständlern" von 1978, darunter in führender Position Otto Koenig, dankbar zu sein. So bleibt Koenigs Name auch mit dem österreichischen Atomsperrgesetz von 1978, dessen Inhalt 1999 Verfassungsrang erhielt, verknüpft.

Schon Otto Koenigs Einsatz für den Naturschutz und gegen den Bau von Atomkraftwerken war keine auf Österreich begrenzte Angelegenheit. Bereits 1982 hat er den „Bundes-Naturschutzpreis" des Bundes für Umwelt- und Naturschutz Deutschland erhalten (Weinzierl 1990, 9). Aber es gibt auch Spuren, die von Anfang an nicht auf Österreich beschränkt waren und einen hohen internationalen, in gewisser Weise geschichtlichen Rang in Anspruch nehmen durften. Dies zu belegen, darf ich persönlich werden.

- Ich habe Otto Koenig weder als Fernsehstar, noch als Naturschützer, noch als Atomkraftgegner kennen gelernt. Davon wusste ich – in West- und Norddeutschland lebend – bis Anfang der 1970er Jahre überhaupt nichts. Ich habe ihn literarisch über seine wissenschaftlichen Leistungen kennen gelernt. Zentralpunkt war sein 1970 erschienenes Buch „Kultur und Verhaltensforschung – Einführung in die Kulturethologie". Mir war längst geläufig, dass es viel zu eng ist, den Evolutionsbegriff nur auf biologische Phänomene anzuwenden und habe das in meiner 1970 abgeschlossenen Habilitationsarbeit „Evolution und Erziehung" breiter dargelegt (Liedtke 1972, 32–101). Allein schon wegen der Unumkehrbarkeit der Zeit war zu erwarten, dass es bereits vor der Entwicklung der Lebewesen auch eine Evolution der anorganischen Natur gab und auf der Basis der biologischen Evolution nachfolgend eine kulturelle Evolution, die auf Lern- und Lehrprozessen beruht. Aber was Koenig 1970 literarisch vorgelegt hat, war eine grandiose Analyse der Zusammenhänge zwischen „Kultur" und „Evolution". Sein „Paradebeispiel" war die Uniform. An deren Geschichte hat er musterhaft gezeigt, in welcher Weise biologische und kulturelle Evolution verflochten sind, inwieweit sich Verlaufsformen der biologischen Evolution in der kulturellen Evolution wiederfinden und inwieweit sie als Fragestellungen zur Erläuterung kultureller Prozesse dienen können. Nur auf diesem Weg ließ sich auch präziser die Frage stellen, wo die spezifischen, die neuartigen Verlaufsformen der kulturellen Evolution liegen mögen. Obwohl die Fragestellung schon vor Koenig bekannt war (Herrmann 1878) und es auch Vorarbeiten gibt (Hinweise dazu in Liedtke 1994 und 2003, 10–12), gilt Koenig wegen des Umfangs seiner empirischen und seiner systematisierenden Arbeit in diesem Feld zu Recht als Begründer und zugleich als Namensgeber der „Kulturethologie". Es gehört zu den größten Ehrungen, die Otto Koenig je erhalten hat, dass Konrad Lorenz 1974 die von Koenig begründete Kulturethologie zum Mittelpunkt seiner Nobelpreisrede gemacht hat (Lorenz 1974). Und selbst wenn man sich mit den Antworten, die Otto Koenig gegeben hat, nicht anfreunden kann, weil sie gelegentlich, wie das bei Gründern aber kaum anders erwartet werden kann, noch zu einfach klingen, noch zu wenig belegt erscheinen, es sind die richtigen Fragen gestellt, Fragen, durch die eine neue, erweiterte, einheitlichere, widerspruchsfreiere Weltsicht möglich wird, durch die auch die verhängnisvolle, dümmliche Trennung der Wissenschaften in Geistes- und Naturwissenschaften überwunden werden kann.

Zu den von vornherein die österreichischen Landesgrenzen überschreitenden Leistungen Koenigs gehört auch seine spezielle Deutung des „Naturschutzes".

- Ohne Zweifel war Koenigs lebenslanges Engagement für den Naturschutz hoch verdienstvoll. Aber aus wissenschaftlicher Sicht war nicht so sehr seine konkrete Naturschutzarbeit zukunftsweisend, sondern seine Abwendung von dem traditionellen Verständnis von „Naturschutz", dem es in fast statischer Weise um Erhaltung der „natürlichen" Natur ging. Liest man Koenigs frühe Schriften, lässt sich kaum bezweifeln, dass er persönlich auch in dieser Tradition von Naturschutz aufgewachsen war und sich genau dafür einsetzte. Zu welchem Zeitpunkt er sich von dieser Position abwandte, ist schwer zu sagen. Es war wohl ein schleichender Prozess, der sich bis in die Diskussion um die Atomkraft hinzog. Seine Position blieb ohne Zweifel weiter eine „naturkonservierende" Position. Aber es ist primär nicht mehr das jeweils aktuelle „Panorama", das konserviert und geschützt werden soll, sondern das „System". Seine Forderung hieß nunmehr: „Systemschutz, nicht Panoramaschutz". Auch diese Positionierung ist keineswegs die Lösung aller ökologischen „Welträtsel". Aber sie hat deutliche Vorteile gegenüber dem traditionellen, bloß konservatorischen Verständnis von Naturschutz. So nimmt sie „Evolution", die nur den Wandel kennt, ernst, sie kalkuliert ein, dass alle Lebensräume des Menschen durchweg nur eine schon lange durch den Menschen umgestaltete „Natur" sind und erlaubt Eingriffe, sofern sie „systemverträglich" sind. Seine eingängige und fast schon sprichwörtliche Formulierung vom „Lebensraum aus zweiter Hand" gehört hier hin. Hier zeichnen sich auch gemeinsame Wege zwischen Natur und Technik ab. Koenig hat sich auch persönlich auf diesen Weg gemacht und 1984 gemeinsam mit der Österreichischen Elektrizitätswirtschaft den „Verein für Ökologie und Umweltforschung" gegründet. Zu den Anliegen des weiterhin bestehenden Vereins zählt insbesondere, schon bei der Planung technischwirtschaftlicher Projekte ökologischen Sachverstand mit einzubringen. Noch einmal, es sind nicht alle Fragen gelöst, Interessensgegensätze bleiben. Man muss scharf auf mögliche Abhängigkeiten achten. Aber es ist in der Geschichte des Naturschutzes ein vielversprechender, ausbaufähiger Ansatz.

2 Freundschaft mit einigen Besonderheiten

Intensivere Kontakte zu Otto Koenig hatte ich seit Mitte der 1970er Jahre. Wir haben uns sehr gut verstanden. Zwar kamen wir aus sehr unterschiedlichen Welten und haben auch häufig miteinander hart gefochten. Meist ging es um Fragen des Verhältnisses von Anlage und Umwelt. Er setzte mehr auf die Anlage, mir ging es mehr darum, die Chancen der Umwelt zu nutzen. Ein Dauerstreit war die Unsicherheit, wie viel Induktion erforderlich ist, um eine Beobachtung als verallgemeinerbar ansehen zu können. Ich war auch ein beständiger Widerpart zu seinem Hang, dramatisierende Untergangsszenarien zu entwerfen und zu beschwören (vgl. Liedtke 2003, 23ff.). Hier mögen unsere unterschiedlichen Einstellungen auch durch die unterschiedlichen biografischen und beruflichen Erfahrungen (Familie,

Schule) gesteuert gewesen sein. Eine Missstimmung hat es zwischen uns aber niemals gegeben. Otto Koenig war mehrfach Gastreferent an meinem Lehrstuhl an der Universität Erlangen-Nürnberg und an dem von mir wissenschaftlich betreuten Bayerischen Schulmuseum Ichenhausen. Ich war seit 1977 regelmäßiger Teilnehmer der von ihm gegründeten Matreier Gespräche und bin es auch nach seinem Tod geblieben. Von 1992 bis 2003 habe ich die Gespräche geleitet. Außerdem war ich häufiger auch in Koenigs umweltschützerische Unternehmungen eingebunden, seit 1986 bin ich Mitglied des wissenschaftlichen Beirats des Vereins für Ökologie und Umweltforschung in Wien (von 1988–2001 Vorsitzender). Otto Koenig und ich waren freundschaftlich miteinander verbunden, aber haben uns nie geduzt. Das alles ist eher trivial.

Eine gewisse, allerdings nur dem Todesdatum Koenigs und meinem 60. Geburtstag geschuldete Besonderheit dieser freundschaftlichen Beziehung ist es aber wohl schon, dass das letzte von Otto Koenig herausgegebene Buch mir gewidmet ist (Koenig 1992). Es ist eine bloße Zufälligkeit, aber dieser Zufall lässt mich nicht unberührt.

Aber besonders berührt es mich, dass ich auch Adressat eines seiner letzten Briefe, vielleicht seines letzten Briefes war. Er hat mir noch am 11. November 1992 geschrieben, als er längst vom Tode, der ihn am 5. Dezember 1992 ereilte, gezeichnet war. Es ist nach Datum und Inhalt ein sehr persönlicher Brief, über den eben deshalb eher zu schweigen wäre. Ich habe schon einige Male daraus zitiert – auch zum Troste und zum Lobe von Lilli Koenig – und zitiere jetzt erneut. Otto Koenig zeigt sich hier in einer Weise, wie ich ihn bis dahin nicht kannte und wie er wohl auch seinem großen Publikum nicht bekannt war. Er hat mir auf knapp vier maschinenschriftlichen Seiten skizzenhaft, die Hauptthemen etwas assoziativ wiederholend, „[s]eine bescheidene Lebensbeschreibung" geschickt. Es geht um seine aktuelle Krankheit, breiter um seine Pfadfinderschaft, um Ökologie und Kulturethologie, intensiv um seine Frau Lilli, um seine Zukunftsplanungen und um eine Bitte an mich.

- Die Krankheit:
  „Sehr verehrter Herr Professor Liedtke!
  Es ist trotz hervorragender Behandlung und wirklich herzlich rücksichtsvoller Pflege kein Vergnügen in einem Lazarett zu liegen. [...] Meine Schrift ist schlecht und zittrig. Das Leben schlug, ohne Vorwarnung nach 78 Jahren voller Gesundheit, mit aller Kraft zu. Es hätte

den alten Waldläufer und Pfadfinderhelden nicht härter treffen können wie mich. Vorwarnung? Nein, der ich immer alles geflissentlich übersah, was mich persönlich betraf. Mein Körper hatte zu funktionieren. Er folgte brave 78 Jahre. Auf 90 hatte ich gehofft. […] Ich hoffe, das Leben noch etwa 8 Jahre zu bewältigen [weil ihm die Zahl 87 (siehe unten) häufiger in seinem Leben begegnet war; Anm. d. Verf.]. Hoffentlich glückt es. Derzeit sieht es nicht ganz so günstig aus. Ich liege mit Krebs im Klosterneuburger Spital, aber die Ärzte sind guter Dinge und voll Hoffnung."

- Pfadfinderschaft:
Das Thema taucht häufiger auf. Koenig hat sich wohl während seines gesamten Lebens in der Tradition der Pfadfinder gesehen, obgleich er zunächst, Ende der 1920er Jahre, zu den „Roten Falken" gehörte. Sein Lebensstil ist ohne den Pfadfinderbezug kaum zu verstehen.
„Als ich von den Roten Falken fortgehen mußte, weil die Politiker es so wollten, und mit meiner ganzen Gruppe zu den Pfadfindern übertrat, wollte ich meinen Buben ihr fröhlich ernstes Jugendbewegungsleben retten. Es ist mir gelungen. Ich erhielt nichts denkend die Nummer F 87 (Flußpfadfindergruppe 87). Es wurde ein zauberhaft romantisches Leben."

- Einschub Thema Lilli Koenig:
Ohne Übergang und ohne Absatz wechselt Otto Koenig zu seiner Frau Lilli und findet Worte von geradezu klassischer Innigkeit. Ich habe genau diese Textstelle sowohl 1992 in meiner Trauerrede für Otto Koenig (Liedtke 1993) wie auch 1994 in der Trauerrede für Lilli Koenig (Liedtke 1996c) zitiert: „Und als Hitler kam und alles zerschlug, fand ich Lilli. Es wurde eine Liebe allein für zwei. Schöner als alles was vorher war. Ein Leben ohne Trennung. Ein Leben für einen, der aus zweien bestand. Es ist alles geblieben, wie es am ersten Tag gewesen ist, nur fester, inniger, herzlicher, unlösbar verschweißt.
Von uns beiden gibt keiner auf.
Wir kapitulieren niemals."
Er entschuldigt sich, dass er mich „mit solchen ureigensten unteilbaren Intimproblemen" belaste und fragt rhetorisch, wem er das denn sonst erzählen solle, wenn nicht mir, „den wir [Lilli und er; Anm. d. Verf.] beide für wohl einen unserer besten Freunde, menschlich und wissenschaftlich, halten." Es fällt mir sehr schwer, dies zu zitieren. Aber auch

hier zeigt sich eine empfindsame Seite Koenigs, die man bei dem „Macher" kaum erwarten würde.

- Unmittelbarer Rückgriff auf das Thema „Pfadfinder":
„Meine Pfadfindergruppe erhielt die Nummer F 87, dazu gaben wir den Namen Florian Geyer. Immer ritterlich, immer im Kampf, niemals verzagen. Regen, Kälte, Sturm, Hitze, Kampf, am Verdursten in der Wüste, zwei Stunden am Neusiedlersee im Jänner durch brusttief eisbedecktes Wasser gewatet."

- Wieder unmittelbarer Wechsel zu Lilli Koenig:
„Ich will leben! Mit Lilli – für Lilli – die Vorstellung eines Lebens ohne Lilli bringt mich zum heulen. Zwei Vorhaben, zwei Salutschüsse stehen fest: Wir zwei wollen das Jahr 2000 erreichen. Und: Ich möchte mit Lilli zusammen 87 Jahre alt werden."

- Wieder unmittelbar zurück zu den Pfadfindern:
„Pfadfindergruppe F 87. Im Krieg: Stabsstaffel Stucka F 887.
Nach dem Kriege arbeitete ich noch als Führerschulungskommissär in der Bundesleitung und beendete meine Tätigkeit wieder als kleiner Gruppenführer einer kleinen Rovergruppe, die eigentlich aus dem Institut entstanden war und hier sehr gute Hilfsarbeiten ausführte. [...] Sie sehen, daß ich selbst noch im Ausklang Revoluzzer blieb. Dies ist abgesehen vom direkten Institutsaufbau mein wissenschaftlich pfadfinderischer Lebensweg."

- Zukunftspläne:
„Die Pfadfinderei habe ich mit etwa 60 Jahren an den Nagel gehängt, obwohl ich eines Tages sicher darüber schreiben werde. Jetzt ist die Öko-Ethologie an der Reihe – und selbstverständlich die Kulturethologie. Ehe nicht alles fixiert ist, gebe ich keine Ruhe. [...] Matrei ist für mich und alle Wilhelminenberger ein ‚Muß' – Höhepunkt des Jahres und es soll auch so bleiben."

- Die Bitte an mich:
„Und nun meine bescheidene oder zu große Bitte. Ich hoffe sehr, daß sie von Ihnen nicht als unverschämt oder zu vermessen gewertet wird. Wir kennen uns seit einem Vortrag in Nürnberg. Das liegt Jahre zurück. Seither galt zwischen uns ein sachliches ‚Sie'. Mir läge viel daran, wenn wir zu einem persönlicheren ‚Du' überwechseln könnten."

Mit großer Freude und Rührung habe ich dieser Bitte in einem Antwortbrief sogleich entsprochen. Es gehört zu den Besonderheiten unserer

Freundschaft, dass ich Otto erstmals am 18.12.1992 an seinem Sarg bei meiner Trauerrede mit dem „Du" ansprechen konnte.

3 Kulturethologische Blicke auf Otto Koenigs Biografie

Natürlich könnte man Koenigs kulturethologische Sichtweise auch auf ihn selbst, auf seine Biografie, seine Institutsgründung und auf die Geschichte der Kulturethologie anwenden. Was immer „Kultur" ist, kann Gegenstand der Kulturethologie sein. Es gäbe viele Themen aus Koenigs Biografie. Da er die Kulturethologie auf dem Hintergrund der Uniformgeschichte „entdeckt" hat, wäre es sicher auch eine reizvolle und unterhaltsame kulturethologische Petitesse, seiner mit einer Untersuchung zu gedenken, die sich mit seiner nicht unstrittigen Vorliebe für Uniformen befasste, und zwar am Beispiel der unterschiedlichen Versuche, seine Institutsmitglieder mit einer eigenen Tracht zu versehen. A. Schmied hat gezeigt, von wie vielen Zufälligkeiten und variierenden Intentionen dieser Prozess begleitet war (Schmied 1997).

Etwas „kulturethologisch" sensibilisiert, entdeckt man in Koenigs Biografie aber doch alsbald auch Abläufe, die geschichtlich zwar durchaus geläufig sind, die es aber auch verdienten, in den Kanon der kulturethologischen Verlaufsformen aufgenommen zu werden (Liedtke 1994, 66–77; 1996a; 1996b). Ich nenne nur zwei Beispiele.

Beispiel 1:

Das erste Beispiel betrifft die „stützende Funktion" von Kulturtraditionen beziehungsweise von tradierten Ritualien.

- Ich habe nie erlebt oder auch nur gesprächsweise erfahren, dass Otto oder Lilli Koenig praktizierende Christen wären. In Ottos Fall hat es mich – keiner Kirche angehörend – geradezu gestört, dass wir unter seiner Leitung im Matreier Umfeld vielleicht zwei- oder dreimal einen Gottesdienst bestellt hatten, der von uns aber – in Missachtung der vermutlichen Intentionen der Geistlichen – nur als wissenschaftliches Beobachtungsszenarium genutzt wurde. Otto Koenigs „religiöse Bindung" hatte nach einem Text von 1937 („Religion und Jugendbewegung") eher jugendlich-emotionalistische, naturschwärmerische Züge, keinesfalls aber hätte sich seine „Religiosität" nach den Vorgaben der traditionellen christlichen Konfessionen einordnen lassen (Koenig 1984). Sowohl nach Ottos wie auch nach dem Tod seiner Frau Lilli habe ich mich gefragt, wie die Trauerfeiern wohl ablaufen werden und ob es eigene, vielleicht der speziellen Biografie entsprechende Akzente geben würde. Aber bei beiden Trauerfeiern griff man auf die tradierten Ritualien zurück. Völlig selbstverständlich – und ohne Zweifel in großer Würde – wurde Otto Koenig nach überliefertem evangelischem Ritus beerdigt, Lilli nach katholischem Ritus.

- Obwohl Otto Koenig sich schriftlich wie mündlich geäußert hat, dass er seine Institute auch für die Zukunft sichern wolle, hat er es verabsäumt, ein Testament zu verfassen. Auch Lilli Koenig hat nach meiner Kenntnis kein Testament hinterlassen. In beiden Fällen regelte sich das Erbe nach den gesetzlichen Vorgaben.

Sowohl im Falle der Trauerriten wie bei der Regelung des Erbes erledigten sich Probleme durch kluge, zweckmäßige, mindestens faktisch vorhandene und notfalls nutzbare Vorgaben kultureller Tradition.

Beispiel 2:

Die zweite Verlaufsform, die angesichts der Biografie Koenigs in die Augen springt, betrifft den Umgang mit der wachsenden Informationsmenge. Die kumulierte Datenmenge übersteigt schon längst die „biologischen" Speichermöglichkeiten des Menschen. Kulturell hat der Mensch vielfältige Möglichkeiten entwickelt, seine Speicherkapazitäten zu erweitern (Sprache, Schrift, Buchdruck, elektronische Datenspeicher). Aber das Tempo der Informationskumulation überfordert ihn gleichwohl. Die Überforderung betrifft zudem nicht nur die Datenspeicherung, sondern auch das Problem, aktuell gewünschte Daten verfügbar zu haben, *just in time* abrufen zu können. Es gibt Techniken, die Datenmenge durch Schlüsselbegriffe, durch Beispiele, durch Formeln usw. zugänglicher zu halten. Sofern es sich wie in der Sozialgeschichte aber oft um Daten handelt, die experimentell nicht verifizierbar sind (z. B. Einstellungen, präzise Angaben zu Lebensleistungen eines verstorbenen Menschen), werden Vereinfachungen gesucht und Differenzierungen reduziert. Das führt regelmäßig zu Klischeebildungen. Das gilt auch für das geschichtliche Bild Koenigs. Es liegt auf der Hand, dass der Fernsehzuschauer, der Otto Koenig nur in dieser Funktion oder überwiegend in dieser Funktion kennen gelernt hat, die Erinnerung an Koenig nur mit diesen Fernsehassoziationen versehen wird. Selbst wenn er sich bewusst wäre, dass das Leben Koenigs nicht nur aus seiner Fernseharbeit bestanden hat, er kann sich Koenigs weitereres Leben nicht konkretisieren. Die Sozialgeschichte dieser Welt besteht – abgesehen von wenigen konkreteren Lebensdaten – fast ausschließlich aus „Klischees". Die Bildung von Klischees ist wegen der unbeherrschbaren Datenmenge (Speicherung und Zugriff) unvermeidlich. Sie lässt sich allenfalls hie und da etwas reduzieren.

Koenigs Klischee war schon zu seinen Lebzeiten der „Tier- oder Naturprofessor aus dem österreichischen Fernsehen" (Ein Gespräch … 1979b, 16). Wohl auch um dieses dominante Klischee zu bedienen, daraus mediales Interesse zu erzeugen und Leserschaft zu gewinnen, wurde Otto Koenig zu seinem 100. Geburtstag der Titel „Der Tierprofessor vom Wilhelminenberg" übergestülpt (Lukschanderl 2013, Titelblatt). Ich betone nachdrücklich, dass Klischees unausweichlich sind und dass es journalistisch nicht nur legitim, sondern notwendig ist, sich vereinfachender Bilder und Umschreibungen zu bedienen, damit man überhaupt gesehen oder gehört wird. Aber ein Klischee bleibt es gleichwohl. Leopold Lukschanderls Buch zu Otto Koenigs 100. Geburtstag bedient in seinen Inhalten auch kein Koenig-Klischee. Es ist vielseitig, durchaus kritisch und beschreibt weit mehr als den „Tierprofessor vom Wilhelminenberg". Aber „Otto Koenig: Der Tierprofessor vom Wilhelminenberg" ist ein eingängiger Titel und hat auch gleich am 23.1.2014 im „Kurier" – unter bevorzugter Nutzung des Untertitels – auflagenstarke Verbreitung in der österreichischen Presse gefunden.

Aber natürlich bedeutet die unvermeidliche Klischierung auch, dass größere Leistungen – wie im Falle Koenigs die Gründung der Kulturethologie – schlicht übersehen werden und in Vergessenheit geraten können.

4 Kulturethologische Aspekte in der Geschichte der Kulturethologie

4.1 War Otto Koenig mit seiner Kulturethologie erfolgreich?

Zu den zentralen Aussagen der Kulturethologie zählt die Feststellung, dass nicht nur Naturphänomene, sondern auch alle Produkte der Kultur unter den Bedingungen des Wettbewerbs stehen.

Kulturethologie versteht sich als eine wissenschaftliche Erkenntnis. Der Wert einer wissenschaftlichen Erkenntnis bemisst sich nach den Konsequenzen, die sich aus der Erkenntnis ergeben. Die Konsequenzen können in Umfang und Tiefe der Erkenntnis liegen: Was und wie viel lässt sich geschichtlich und aktuell mit dieser Erkenntnis erklären? Die Konsequenzen können auch in der technischen Auswertung der Erkenntnis liegen. Der Erfolg einer wissenschaftlichen Erkenntnis bemisst sich schlicht nach der Verbreitung und Nutzung der jeweiligen Erkenntnis. In welchem Umfang wird die Erkenntnis, die Wissenschaft wahrgenommen, inwieweit hat sie sich im Kanon der Wissenschaften etabliert?

Betrachtet man die aktuelle Situation im Jahr 2014, da der Gründer der Kulturethologie seinen 100. Geburtstag hätte feiern können, ließe sich eine Anzahl Positiva über den Erfolg der Kulturethologie benennen.

- Otto Koenig hatte 1972 die Matreier Gespräche gegründet, um eine Gesprächsrunde für die Weiterentwicklung der Kulturethologie zu haben. Seit 1976 sind die Gespräche Jahr für Jahr durchgeführt worden, 2014 im Gedenken an Koenigs 100. Geburtstag zum 40. Mal, zum 22. Mal nach Koenigs Tod. Die Tagungen standen seit 1993 unter der wissenschaftlichen Leitung von Max Liedtke, Hartmut Heller und Alfred Treml. Zu allen diesen kulturethologischen Tagungen nach 1992 ist jeweils auch ein Sammelband erschienen.

- Die „Gesellschaft der Freunde der Forschungsgemeinschaft Wilhelminenberg", nach Otto Koenigs Tod zur „Otto Koenig Gesellschaft" umbenannt, hatte sich schon bald nach 1992 die Förderung der Kulturethologie zur Aufgabe gemacht; unter Leitung von Prof. Dr. Gustav Reingrabner wurden speziell die „Matreier Gespräche" zum Förderziel.

- Leopold Lukschanderl hat zum Gedenken an Otto Koenig 2013 seine neue Koenig-Biografie verfasst, die trotz des einschränkenden Untertitels („Der Tierprofessor vom Wilhelminenberg") in erfreulicher Breite, informativ und kritisch, ganz selbstverständlich auch Koenigs Kulturethologie thematisiert hat.

- Die Veterinärmedizinische Universität Wien hat am 23.10.2014, dem 100. Geburtstag Otto Koenigs, in einer Feierstunde am Wilhelminenberg eine inhaltlich sehr ausführliche Gedenktafel für Otto und Lilli Koenig errichtet. Die Tafel, deren Texte und Abbildungen auch gesondert auf einem Faltblatt erschienen sind, weist sehr informativ auch auf die Kulturethologie hin. In der Feierstunde würdigten unter anderen Vertreter der Wiener Veterinäruniversität, des Österreichischen Wissenschaftsministeriums, der Österreichischen Akademie der Wissenschaften, der Stadt Wien und des Wilhelminenberger Nachfolgeinstituts die Verdienste von Otto und Lilli Koenig.

- Ebenso am 23.10.2014 hat die Otto-Koenig-Gesellschaft eine Gedenk-veranstaltung durchgeführt. Die Festrede mit dem Titel „Otto Koenigs Ideenwelt aus heutiger Sicht" hat der Wiener a.o. Universitätsprofessor Dr. Hans-Christoph Winkler gehalten. Auch in dieser Festrede spielte die Kulturethologie Koenigs eine sehr gewichtige Rolle.

Man kann also keineswegs sagen, Koenig und seine Kulturethologie seien vergessen. Insbesondere durch die regelmäßigen Veranstaltungen der Otto-Koenig-Gesellschaft und durch die jährlich stattfindenden Matreier Ge-spräche ist Otto Koenig, sind Otto und Lilli Koenig gesellschaftlich und wissenschaftlich präsent.

Aber natürlich muss man einräumen, dass dies – nach internationalem Maßstab – gleichwohl nur eine regional begrenzte Präsenz ist. Zwar gibt es Autoren und Wissenschaftler, die schneller vergessen worden sind, aber wiederum andere sind bekannter und benannter. Kulturethologisch bleibt zu fragen, worin lagen die Gründe des Erfolges (4.1.1) und warum war der Erfolg nicht größer (4.1.2)?

4.1.1 Worin lagen die Gründe des Erfolges?

Selbstverständlich lässt sich auch diese Frage biografisch nicht vollständig auflösen. Aber es gibt doch einige kulturethologische Annäherungen.

- Die Zusammenführung bislang isolierter Traditionsstränge:
  Zu den erfolgreichsten Strategien der kulturellen Evolution, neue Schlüsselentdeckungen zu erreichen, zählt der Versuch, bislang isoliert verlaufene Traditionsstränge miteinander zu verknüpfen (Stahl und Beton: Stahlbeton; Federhalter und Pumpe: Füllfederhalter; binäres Zählen und Elektrizität: elektronischer Rechner: Liedtke 1994, 75; 1996b, 226f.). Diese Strategie ist so erfolgreich, weil sie offensichtlich neue Niveaus der Erkenntnis eröffnet und qualitative Sprünge ermög-licht, die sich aus der differenzierenden Betrachtung des einzelnen Traditionsstranges allein nicht erkennen lassen. Diese Strategie steckt sicher auch schon hinter der Entwicklung der geschlechtlichen Fort-pflanzung, die schneller zu neuartigen Genkombinationen führt, als dies über lineare Mutationen des Genbestandes bei bloßer Teilung ein-zelliger Lebewesen möglich ist. Hans Peter Kollar (1997) hat es schon angesprochen, dass Otto Koenig sich bei der Entdeckung der Kul-turethologie genau dieser Strategie der Verknüpfung zweier bislang isoliert verlaufener Traditionen bedient hat, als er in Kenntnis der bio-

logischen Evolution die Arbeit von Walter Transfeldt „Wort und Brauch im deutschen Heer" (1942) in die Hand nahm und ihm bei der Lektüre in die Augen sprang, wie sehr Stammesgeschichte und Uniformgeschichte, die man in geisteswissenschaftlicher Tradition bisher streng trennte, im Ablauf vergleichbar waren (Koenig 1970, 33f.). Genau diese aufschließende Erfahrung war für Koenig der ausschlaggebende Grund, nach Chancen interdisziplinärer Zusammenarbeit zu suchen. Im Zusammenhang mit seinem kulturethologischen Interesse kam es zuerst zu einer organisierten Zusammenarbeit mit den Fächern Ethnologie und Volkskunde. Die Kooperation mit dem Fach Volkskunde, vertreten durch den Hamburger Volkskundler Professor Dr. Walter Hävernick, führte zur Gründung der Matreier Gespräche (Liedtke 1997, 100f.) und verlieh so der Entwicklung der Kulturethologie einen neuen Schub.

- Wettbewerbsvorteile:

Im Wettbewerb der Ideen spielt der Zugang zu den Medien eine zentrale Rolle. Als Otto Koenig das Konzept seiner Kulturethologie entwickelt hatte, stand er auf dem Höhepunkt seiner medialen Präsenz und verfügte über entsprechende Multiplikatoren. Er hatte Zugang zu renommierten Verlagen (Wien, München) und zur Presse, zum Radio und zum Fernsehen in Österreich. Er hat alle diese Wege genutzt. Kaum ein anderer österreichischer Wissenschaftler hatte ein solches Feld an Multiplikatoren. Ich bin nicht in der Lage, diesen multiplikatorischen Vorteil Koenigs zu quantifizieren. Aber es steht außer Frage, dass hier sehr günstige Bedingungen für die Verbreitung der Kulturethologie gegeben waren.

- Fürsprecher Konrad Lorenz – hochrangige Einordnung durch einen hochrangigen Wissenschaftler:

Konrad Lorenz gehört in den 1970-/1980er Jahren weltweit sicher zu den angesehensten Wissenschaftlern. Durch den Nobelpreis von 1973 war der Rang von Konrad Lorenz zusätzlich bestätigt. Man konnte kaum einen ranghöheren Fürsprecher haben. Es wurde schon gesagt, dass Lorenz sich als Thema seiner Nobelpreisrede Otto Koenigs Kulturethologie ausgewählt hatte (Lorenz 1974). Konrad Lorenz, der zunächst verwundert war, dass Otto Koenig sich anstatt mit Tieren plötzlich mit Uniformen zu befassen begann (Lorenz 1981, 8; 1984, 8), hat sich dann aber bereits im Vorwort von Koenigs Buch zur Kulturethologie (1970) und danach mehrfach fasziniert und mit großer Bewunderung zu Otto Koenigs Kulturethologie geäußert und sie wissenschaftsgeschichtlich als hochrangigen Erkenntnisgewinn angesiedelt: „In Wirklichkeit hatte Koenig eine Entdeckung gemacht, deren Wichtigkeit gar nicht hoch genug eingeschätzt werden kann" (Lorenz 1984, 8). Den Grund dieser hochrangigen Einordnung hatte Konrad Lorenz 1979 so formuliert: „Die wichtige Erkenntnis Koenigs ist es ja, daß merkwürdigerweise die Kulturprodukte sich in ihrer Historie ähnlich verhalten, wie körperliche Merkmale in der Stammesgeschichte" (Ein Gespräch … 1979a, 226; vgl. Lorenz 1981, 8). Danach hat die Kulturethologie eine ungeheure Reichweite. Sie betrifft alles, was als Kultur zu bezeichnen ist, nach Koenigs Umschreibung alle Phänomene, die lernabhängig erworben sind (Liedtke 2003, 13). Konrad Lorenz schätzte die Kulturethologie aber nicht nur als seinerzeit aktuellen Forschungsbereich hoch ein, sondern sah in ihr – neben der Humanethologie – geradezu zentrale Weiterentwicklungsmöglichkeiten der (Vergleichenden) Verhaltensforschung. Gefragt, wie er sich die weitere Entwicklung der Verhaltensforschung wünsche beziehungsweise was er sich vorstelle, „daß aus ihr noch werden kann", antwortete er: „Ach Gott, die wird in der Koenigschen Kulturethologie, in der Eiblschen Humanethologie Spitzen treiben" (Lorenz 1983, 330). Man wird die Antwort von Konrad Lorenz nicht überbewerten dürfen, weil der Fragesteller Otto Koenig selbst war und Konrad Lorenz in dieser Situation kaum anders als freundlich hätte reagieren können. Aber diese Antwort entspricht im Grundzug doch gleichwohl dem gesamten Kontext der Lorenzschen Ausführungen zur Kulturethologie.

- Wissenschaftsinstitutionelle Etablierung:
  a. Natürlich waren schon die Gründung der „Forschungsgemeinschaft Wilhelminenberg" (offizielle Gründung 1957; Trauttmansdorff 1997, 58) und die Gründung der „Gesellschaft der Freunde der Forschungsgemeinschaft Wilhelminenberg" (Gründung 1957: Reingrabner 1997, 40) sehr wichtige Schritte in der Absicherung aller Forschungsaktivitäten Otto Koenigs. Insbesondere bei der „Gesellschaft der Freunde der Forschungsgemeinschaft Wilhelminenberg", der heutigen „Otto Koenig Gesellschaft" (Vorsitz: Dr. Bernhart Ruso), hat Koenig intensive Unterstützung für seine kulturethologischen Arbeiten gefunden. Aber wissenschaftsinstitutionell war es wie ein Quantensprung, dass die „Biologische Station

Wilhelminenberg" 1967 in die „Österreichische Akademie der Wissenschaften" eingegliedert worden ist (Ein Gespräch ... 1979b, 15). Obgleich es schon vor diesem Zeitpunkt „kulturethologische" Vorarbeiten von Otto Koenig gegeben hat (z. B. Film 1965: Herstellen einer Klaubauf-Maske; Publikation 1967: Klaubaufforschung und Klaubauferleben; vgl. Liedtke 1997, 99f.), war die „Kulturethologie" um 1967 noch nicht als Fachrichtung innerhalb der Ethologie etabliert. Die erste grundlegende kulturethologische Arbeit hat Koenig 1968 unter dem Titel „Biologie der Uniform" publiziert (ebd., 100). Aber Koenig konnte es durchsetzen, dass die Forschungsbahnen für seine Kulturethologie bei der Eingliederung in die Österreichische Akademie rechtlich angelegt waren beziehungsweise erhalten blieben. Dazu zählte, dass das Institut beiden Klassen der Akademie zugeordnet (der mathematisch-naturwissenschaftlichen und der philosophisch-historischen Klasse) und dass in § 2 der Statuten des neuen Instituts neben der „Vergleichenden Verhaltensforschung an Lebewesen jeder Art" ausdrücklich „auch der Mensch" als Forschungsbereich benannt war (ebd.). Diese Institutionalisierung bedeutete nicht nur, dass der „Wilhelminenberg" nunmehr erstmals ein festes Budget für Forschung und Unterhalt zur Verfügung hatte. Die Institutionalisierung war für den Wilhelminenberg auch eine staatliche Anerkennung der bisherigen Leistungen und ein ungeheurer Gewinn an Ansehen. Kooperation mit den führenden Vertretern der Biologie insbesondere des deutschsprachigen Raumes hatte es am Wilhelminenberg schon immer gegeben. Vermutlich war aber erst nach der Aufnahme in die Akademie eine intensivere Kooperation mit Vertretern nichtbiologischer Fächer ausländischer Universitäten möglich.

b. Matreier Gespräche seit 1972:
Ohne Zweifel zählen die Matreier Gespräche zu den Erfolgsfaktoren der Kulturethologie. Über diese Gespräche verdichtete sich das Netz der an kulturethologischen Fragen interessierten Kollegenschaft. Von dort gingen zahlreiche Arbeitsanstöße aus, außerdem kam es zu einer vermehrten Zahl Publikationen (Abschnitt 4.1). Die Matreier Gespräche sind, wie bereits gesagt, aus einer Kooperation mit der Universität Hamburg entstanden.

c. Kooperation mit dem Seminar für Deutsche Altertums- und Volkskunde der Universität Hamburg:

Hier zeigen sich in mehrfacher Weise geschichtliche Effekte. Professor Dr. Walter Hävernick, Ordinarius des genannten Seminars, zugleich Direktor des Museums für Hamburgische Geschichte, hatte Koenigs „Kulturethologie" gelesen und alsbald Kontakt zu ihm aufgenommen, weil die Kulturethologie „für uns bisher kaum geahnte Möglichkeiten der Erklärung einzelner Erscheinungen menschlichen Verhaltens ergab" (zitiert nach Liedtke 1997, 100). Kategorisch stellte er fest: „Die Kulturethologie bietet der Völkerkunde neue Wege und Erkenntnisse an" (ebd.). Man plante Besuche und Symposien. Das 4. Symposion fand vom 2.–7.12.1972 in Matrei/Osttirol statt und war die Eröffnungsveranstaltung der Matreier Gespräche (ebd.). Prof. Hävernick hat Otto Koenig auch Kontakte zu dem Basler Volkskundler Prof. Dr. Trümpy vermittelt, mit dem Koenig dann auch in intensiverem Austausch stand (ebd., 101).

d. Kooperation mit der Erziehungswissenschaftlichen Fakultät der Universität Erlangen-Nürnberg:

Die Kontakte zwischen meinem pädagogischen Lehrstuhl an der Universität Erlangen-Nürnberg und Otto Koenig sind, wie bereits in Abschnitt 2 dargestellt, ähnlich verlaufen wie die zwischen Hävernick und Koenig: Lektüre von Koenigs „Kulturethologie", Kontaktaufnahme, Austausch, Matreier Gespräche. Die Kontakte zwischen Wien und Erlangen-Nürnberg waren aber im geschichtlichen Rückblick wohl besonders dauerhaft und intensiv. Das bezog sich einmal auf die Matreier Gespräche, die bei der Kollegenschaft der Universität Erlangen-Nürnberg fächerübergreifend auf ein breites Interesse stießen. Es gab Fachvertreter, die weit mehr als zehnmal an den jährlichen Gesprächen teilgenommen haben (Professores Dr. Walther L. Fischer, Didaktik der Mathematik; Dr. Hartmut Heller, Landes- und Volkskunde; Dr. Walter Klinger, Didaktik der Physik; Dr. Max Liedtke, Pädagogik; Dr. Andreas Mehl, Alte Geschichte; Dr. Otto Schober (†), Didaktik der Deutschen Sprache und Literatur). Prof. Dr. Uwe Krebs, der bereits 1976 an den Matreier Gesprächen teilgenommen hat, wechselte mit Einverständnis von Otto Koenig vom Wilhelminenberger Institut an die Universität Erlangen-Nürnberg und habilitierte sich hier. Über die Universität Erlangen-Nürnberg sind auch der Mathematiker Dr. Klaus Nagel, München, und die Pädagogen Professor Dr. Helmwart Hierdeis (Universität Innsbruck und Bozen) sowie Professor Dr. Alfred Treml (†), Universität der Bundeswehr, Hamburg, vieljährige Teilnehmer der Matreier Gespräche geworden. 1991 ist an der Universität Erlangen-Nürnberg nach Vorstufen von 1977 (Bildung einer „Forschergruppe" der Universität) ein „Institut für anthropologisch-historische Bildungsforschung" gegründet worden, dessen Geschäftsführer Prof. Dr. Uwe Krebs war. Ausdrücklich zählte zu den Aufgaben des Instituts die Nutzung kulturethologischer Sichtweisen. Zwischen 1990 und 1998 liefen hier auch einige DFG-Projekte zum Vergleich der Verlaufsaspekte kultureller und ökologischer Etablierungsprozesse. Als Beispiel sei genannt: „Der Verlauf der Einführung des Faches ‚Biologie' an den Lateinschulen in Bayern 1740–1892" (vgl. Freyer 1994). Kulturethologische Aspekte sind so auch in das Konzept des Bayerischen Schulmuseums Ichenhausen und des Schulmuseums Nürnberg eingeflossen (vgl. Kriss-Rettenbeck & Liedtke 1983) (Abb. 1), ebenso in die dortigen Wechselausstellungen (vgl. Liedtke & Schneider 1990; 1996). An den jährlichen Tagungen des Bayerischen Schulmuseums Ichenhausen hat Otto Koenig seit 1982 mehrfach teilgenommen und in der dortigen Schriftenreihe auch publiziert (vgl. Koenig 1983). An der Universität Erlangen-Nürnberg sind zudem einige kulturethologisch orientierte Dissertationen entstanden (z. B.: Franke 2002; Jensen 2003).

e. Es hing ebenfalls mit den über die Universität Erlangen-Nürnberg vermittelten Kontakten zusammen, dass Professor Dr. Alfred Treml an der Universität der Bundeswehr Hamburg einen Forschungsschwerpunkt zur „Evolutionären Pädagogik" eingeführt hat, dass er seit 1993 regelmäßig an den Matreier Gesprächen teilgenommen und ab 2010 bis zu seinem unerwarteten Bergsteigertod (2.9.2014) hochengagiert und kompetent die wissenschaftliche Leitung der Gespräche übernommen hat (Liedtke 2014).

Erfolglos war Otto Koenig nicht. Die Bedingungen für die Weiterentwicklung seiner Kulturethologie waren in der Entstehungsphase geradezu hervorragend. Es ist von den fundamentalen Aussagen der Kulturethologie nichts widerlegt, vielmehr sind sie vielfach bestätigt worden. Die Kulturethologie bietet für alle Kulturphänomene zusätzliche Interpretationsmuster zum Verlauf und zu kausalen Zusammenhängen kultureller Entwicklungen, ebenso zur Funktion der Kulturphänomene.

Abb. 1: Bayerisches Schulmuseum Ichenhausen. „Schulgeschichte im Zusammenhang der Kulturentwicklung". Raum 1: „Anfänge der Erziehung – Anfänge der Kultur. Vom Faustkeil bis zum Pflug". Vorbesichtigung 1983: Generaldirektor des Bayerischen Nationalmuseums München Dr. Lenz Kriss-Rettenbeck; Professor Otto Koenig, Österreichische Akademie der Wissenschaften, Wien; Professor Dr. Max Liedtke, Universität Erlangen-Nürnberg (v.l.) (Foto: Detlev Böttcher).

Es gibt innerhalb der biologischen Fachvertreter weltweit wohl auch niemanden, der ernsthaft Otto Koenig in den Grundsätzen widersprechen würde. Koenig hat auch Personen und Institutionen gefunden, die seine Arbeit bis in die Gegenwart fortgesetzt haben. Zu diesem Personenkreis zählen auch hochrangige Vertreter der Biologie wie die Professoren Rupert Riedl und Irenäus Eibl-Eibesfeldt, die beide mehrfach auch an den Matreier Gesprächen teilgenommen und durch anspruchsvolle Beiträge die kulturethologische Forschung befördert haben (vgl. Riedl 1994; Eibl-Eibesfeldt 1994).

Aber dennoch ist Otto Koenigs Name über den deutschsprachigen Raum hinaus kaum bekannt. Die „Kulturethologie" ist auch innerhalb des deutschsprachigen Raumes nicht geläufig, sie taucht faktisch auch nicht als etablierte Fachrichtung in der universitären Biologie auf. Die Prognose von Konrad Lorenz, die „Koenigschen Kulturethologie" werde innerhalb der Vergleichenden Verhaltensforschung „Spitzen treiben", ist bisher nicht in Erfüllung gegangen. Eher ist das Gegenteil eingetreten. Es gibt einen institutionellen Rückbau: Otto Koenigs Institut bei der Österreichischen Akademie der Wissenschaften hat nach Koenigs Ausscheiden aus der Institutsleitung (1984) einige tiefgreifende Umstrukturierungen erfahren. In dem Zusammenhang wurden auch andere Forschungsakzente gesetzt. 2010 wurde dieses Nachfolgeinstitut auf Empfehlung des Wissenschaftsrates von der Akademie der Wissenschaften getrennt und in die Veterinärmedizinische Universität Wien überführt und ist nunmehr „Forschungszentrum für organismische Biologie". Zwar gibt es keine Frage, dass sich die veterinärmedizinische Universität Wien der Geschichte des Wilhelminenbergs und der Forschungsarbeit Koenigs bewusst ist. Andererseits gibt es keine Anzeichen, dass in dem dortigen Forschungsfeld noch Platz für die Kulturethologie wäre. Das von Professor Hävernick 1971 an der Universität Hamburg geschaffene Standbein der Kulturethologie („Arbeitsgruppe") ist faktisch schon 1973 mit der Ruhestandsversetzung Hävernicks verlorengegangen (Liedtke 1997, 101, 106f.). Das 1991 an der Universität Erlangen-Nürnberg gegründete „Institut für anthropologisch-historische Bildungsforschung", das ausdrücklich kulturethologische Forschungsaufgaben hatte, ist nach meiner Emeritierung (1998) durch meine Nachfolgerin, Frau Prof. Dr. Annette Scheunpflug, die von der Universität der Bundeswehr Hamburg (Prof. Dr. Alfred Treml!) nach Erlangen-Nürnberg gekommen war und die auch mehrfach an den Matreier Gesprächen teilgenommen hat, zwar weitergeführt, aber 2013 nach dem Wechsel Scheunpflugs an die Universität Bamberg faktisch aufgelöst worden.

4.1.2 Warum war der Erfolg nicht größer?

Wie sich die Gründe des (Anfangs-)Erfolges nicht vollständig benennen ließen, gilt das auch für den Misserfolg. Nur wenige Anmerkungen sollen gemacht werden.

Einige Gründe mögen in der Person Koenigs liegen. Insbesondere durch seine Fernseharbeit lief er doch in Gefahr, bei Wissenschaftlern als Vereinfacher angesehen zu werden. Man kann kaum bestreiten, dass er hie und da – besonders wenn er in Presse, Rundfunk und Fernsehen zu persönlichen

Positionierungen gedrängt wurde – voreilig generalisiert und mancher Aussage, die eher noch Hypothese war, den Anschein einer These gegeben hat. Ebenso wird man einräumen müssen, dass er wegen seiner publizistischen Dienste gelegentlich hinter dem formalen Niveau der aktuellen „Schulbiologie" zurückblieb. Aber deutlich mehr mögen Neid und Missgunst der Kollegenschaft Anlass gewesen sein, die wissenschaftlichen Verdienste Koenigs herunterzuspielen und seine fachliche Kompetenz in Zweifel zu ziehen. Diesen Verdacht äußere ich auch deshalb, weil ich in wissenschaftlichen Diskussionen, in denen es um zoologische oder ökologische Fragen ging, niemals erlebt habe, dass Otto Koenig von Fachkollegen ernsthaft in Verlegenheit gebracht worden wäre. Hier besaß er in der Regel einen wesentlich größeren Erfahrungshintergrund als die akademische Kollegenschaft.

Einen „Kollateralschaden" haben Koenig und die Kulturethologie wohl auch erlitten, als große Teile der österreichischen Biologenschaft, darunter eben auch Konrad Lorenz, sich in dem Projekt Donaustaustufe und Kraftwerksbau Hainburg Anfang der 1980er Jahre gegen Otto Koenig stellten (Lukschanderl 2013, 165ff.). Otto Koenig hatte sich, nachdem er in führender Position den Bau des Atomkraftwerks Zwentendorf verhindert hatte, für eine stärkere Nutzung der Wasserkraft eingesetzt und sich für eine Donaustaustufe bei Hainburg ausgesprochen. Es kommt nicht auf Details an. Entscheidend ist, dass Koenig, dessen Positionierung in dieser Angelegenheit ich für die sachlich gerechtfertigtere angesehen habe und noch ansehe, durch diese lautstarke öffentliche Auseinandersetzung bei der Biologenschaft in Österreich faktisch „ideell und fachlich isoliert" war (ebd., 168). Diese „Isolation" behinderte natürlich auch die Kooperation auf dem Felde der Kulturethologie.

Andere Unzuträglichkeiten für die Weiterführung der wissenschaftlichen Projekte Koenigs waren die Streitigkeiten, die sich nach Koenigs Tod in der Mitarbeiterschaft ausbreiteten. Die damit verbundenen wirtschaftlichen Unsicherheiten hatten zur Folge, dass sich die einzelnen Mitarbeiter nahezu ausschließlich den wirtschaftlich einträglicheren ökologischen Arbeiten zuwandten. Die Kulturethologie lag und liegt hier brach.

Einen weiteren Grund für den nur partiellen Erfolg der Kulturethologie sehe ich auch darin, dass auch die Matreier Gespräche, die sich mit der Weiterentwicklung der Kulturethologie befassen sollten, es oft dabei belassen, aus den unterschiedlichen beteiligten Fächern sicher höchst spannende Materialien für kulturethologische Untersuchungen bereitzustellen, zu selten aber differenziertere kulturethologische Analysen vorlegen.

Der Hauptgrund der nur regionalen Verbreitung der Kulturethologie liegt aber ohne Zweifel darin, dass Koenigs Publikationen nur deutschsprachig waren und nicht in die wissenschaftliche Weltsprache (Englisch) übersetzt sind. Das bedeutet, dass diese Arbeiten international nicht wahrgenommen und nicht zitiert werden. Das hat faktische Konsequenzen für die Geschichtsschreibung: Entdeckt und erfunden ist erst, was in Englisch verfügbar ist. Das mag man bedauern, aber das gilt seit dem Zweiten Weltkrieg in zunehmendem Maße und wird sich, sofern nicht zeitnahe digitale, korrekte Übersetzungen angeboten sind, in absehbarer Zeit nicht ändern. Man muss faktisch auf dem englischsprachigen Buch-/Lesemarkt präsent sein.

4.2 Zur Zukunft der Kulturethologie

Es wäre wünschenswert und würde wohl auch der geschichtlichen Abfolge entsprechen, wenn sich die Terminologie Otto Koenigs, dass die „Kulturethologie [...] eine spezielle Arbeitsrichtung der allgemeinen Vergleichenden Verhaltensforschung (Ethologie)" (Koenig 1970, 17) sei, allgemein einspielen würde. Vermutlich ist das ein unerfüllbarer Wunsch. Aber als Freund würde man es dem Freund wünschen, der Wunsch ginge in Erfüllung. Es sollte bekannt sein, dass Otto Koenig beanspruchen darf, „Vater" dieser Wissenschaft zu sein. Doch wenn dieser Wunsch unerfüllbar bleibt, man kann sich damit trösten, dass die „Kulturethologie" ohne ihren Namen und ohne Angabe der Vaterschaft längst weiterlebt. Wenn Konrad Lorenz in den Anfängen der 1960er Jahre noch Zweifel hatte, ob denn „Uniformen" eine Evolution haben könnten, auch durch seine Nobelpreisrede ist längst anerkannt, dass es auch eine kulturelle Evolution gibt, in der homologe (identische) und analoge Abläufe wie in der biologischen Evolution zu beobachten sind. Wie man die Wissenschaft benennt, die sich mit diesen Phänomenen befasst, ist sekundär. Otto Koenig hatte sie „Kulturethologie" genannt. Die „Kulturwissenschaften" haben sich bisher noch zu wenig mit der Geschichte ihrer Gegenstände befasst. In der evolutiv verstandenen Geschichte dieser Gegenstände liegt mutmaßlich die größte Menge an Daten über diese Gegenstände. Ich kann mir nicht vorstellen, dass es vertretbar ist und dass Wissenschaftler es auf Dauer fertig brächten, auf solche ergiebigen Datenquellen zu verzichten. Deswegen glaube ich, dass die Kulturethologie, wie immer man sie bezeichnen mag, eine große Zukunft haben wird.

5 Literatur

5.1 Zitierte Literatur

Eibl-Eibesfeldt, I. 1994: Kultur im Dienst der Wertevermittlung. – In: Liedtke, M. (Hg.), Kulturethologie. Über die Grundlagen kultureller Entwicklungen. Dem Begründer der Kulturethologie Otto Koenig (1914–1992). Realis. München, 168–180.

Ein Gespräch zwischen Professor Konrad Lorenz, Otto Koenig und H. J. Painitz über Verhaltensforschung und Gegenwartsprobleme 1979a. – In: Painitz, H. J. (Red.), 33 Jahre Wilhelminenberg. Von den Reiherkolonien des Neusiedlersees zur Kulturethologie. Eine Ausstellung der Forschungsgemeinschaft Wilhelminenberg in der Wiener Secession, 27.03.–01.05.1979. Forschungsgemeinschaft Wilhelminenberg. Wien, 225–229.

Ein Gespräch zwischen Otto Koenig und H. J. Painitz über die Biologische Station Wilhelminenberg 1979b. – In: Painitz, H. J. (Red.), 33 Jahre Wilhelminenberg. Von den Reiherkolonien des Neusiedlersees zur Kulturethologie. Eine Ausstellung der Forschungsgemeinschaft Wilhelminenberg in der Wiener Secession, 27.03.–01.05. 1979. Forschungsgemeinschaft Wilhelminenberg. Wien, 14–17.

Franke, K. H. 2002: Verlaufsformen der Entwicklung des Rechenbuchs der deutschen Volksschule, aufgezeigt an ausgewählten Beispielen des Rechenbuchs aus dem 18., 19. und 20. Jahrhundert. Dissertation. Universität Erlangen-Nürnberg.

Freyer, M. 1994: Vergleich der Verlaufsaspekte kultureller und ökologischer Etablierungsprozesse. – In: Liedtke, M. (Hg.), Kulturethologie. Über die Grundlagen kultureller Entwicklungen. Dem Begründer der Kulturethologie Otto Koenig (1914–1992). Realis. München, 100–149.

Herrmann, E. 1878: Naturgeschichte der Kleidung. Waldheim. Wien.

Jensen, G. B. 2003: Schreibgeräte, unter besonderer Berücksichtigung von Schülerschreibgeräten. Historische Entwicklung und kulturethologische Verlaufsformen dieser Entwicklung (aufgezeigt an Kielfeder, Schiefergriffel und -tafel, Bleistift, Stahlfeder mit Halter und Füllfederhalter). Disseration. Universität Erlangen-Nürnberg.

Koenig, L. 1984: Aus Otto Koenigs Schulheften, Skizzenbüchern und Schriften. – In: Gesellschaft der Freunde der Forschungsgemeinschaft Wilhelminenberg (Hg.), Otto Koenig 70 Jahre. Kulturwissenschaftliche Beiträge zur Verhaltensforschung. (= Matreier Gespräche 1981–1983). Ueberreuter. Wien u. a., 17–70.

Koenig, O. 1970: Kultur- und Verhaltensforschung. Einführung in die Kulturethologie. Mit einem Vorwort von Konrad Lorenz. DTV. München.

Koenig, O. 1983: Kulturelle Bedeutung von Lernen und Lehren. – In: Kriss-Rettenbeck, L., Liedtke, M. (Hg.), Schulgeschichte im Zusammenhang der Kulturentwicklung. Vorträge des Symposions, das die Erziehungswissenschaftliche Fakultät der Universität Erlangen-Nürnberg und das Bayerische Nationalmuseum München in Ichenhausen vom 22.–25. September 1983 durchführten. (= Schriftenreihe zum Bayerischen Schulmuseum Ichenhausen. Zweigmuseum des Bayerischen Nationalmuseums 1). Klinkhardt. Bad Heilbrunn, 33–39.

Koenig, O. (Hg.) 1992: Krieg, Friede, Konflikt. Kulturwissenschaftliche Beiträge zur Verhaltensforschung. (= Matreier Gespräche 1989). Ueberreuter. Wien.

Kollar, H. P. 1997: Von der Ethologie zur Kulturethologie. – In: Forschungsgemeinschaft Wilhelminenberg & Gesellschaft der Freunde der Forschungsgemeinschaft Wilhelminenberg (Hg.), Rendezvous mit Tier und Mensch. Eigenverlag. Wien, 109–114.

Kriss-Rettenbeck, L., Liedtke, M. (Hg.) 1983: Schulgeschichte im Zusammenhang der Kulturentwicklung. Vorträge des Symposions, das die Erziehungswissenschaftliche Fakultät der Universität Erlangen-Nürnberg und das Bayerische Nationalmuseum München in Ichenhausen vom 22.–25. September 1983 durchführten. (= Schriftenreihe zum Bayerischen Schulmuseum Ichenhausen. Zweigmuseum des Bayerischen Nationalmuseums 1). Klinkhardt. Bad Heilbrunn.

Liedtke, M. [1]1972 [[4]1997]: Evolution und Erziehung. Ein Beitrag zur integrativen Pädagogischen Anthropologie. Vandenhoeck & Ruprecht. Göttingen.

Liedtke, M. 1993: Grabrede für Professor Otto Koenig vom 18.12.1992. – In: Gesellschaft der Freunde der Forschungsgemeinschaft Wilhelminenberg (Hg.), Acht Gedenkreden für Otto Koenig (1914–1992). Eigenverlag. Wien, 20–23.

Liedtke, M. 1994: Kulturethologie. Entstehung und Funktion einer neuen wissenschaftlichen Disziplin. – In: Liedtke, M. (Hg.), Kulturethologie. Über die Grundlagen kultureller Entwicklungen. Dem Begründer der Kulturethologie Otto Koenig (1914–1992). Realis. München, 8–16.

Liedtke, M. 1996a: Die Kulturethologie zwischen den Kultur- und den Naturwissenschaften. – In: Liedtke, M. (Hg.), Kulturethologische Aspekte der Technikentwicklung. (= Matreier Gespräche 1994). Austria medien service. Graz, 13–21.

Liedtke, M. 1996b: Verlaufsstrukturen in der Geschichte der Schreibgeräte. – In: Liedtke, M. (Hg.), Kulturethologische Aspekte der Technikentwicklung. (= Matreier Gespräche 1994). Austria medien service. Graz, 184–240.

Liedtke, M. 1996c: In memoriam Professor Lilli Koenig. In: Liedtke, M. (Hg.), Kulturethologische Aspekte der Technikentwicklung. (= Matreier Gespräche 1994). Austria medien service. Graz, 316–319.

Liedtke, M. 1997: Matreier Gespräche. – In: Forschungsgemeinschaft Wilhelminenberg & Gesellschaft der Freunde der Forschungsgemeinschaft Wilhelminenberg (Hg.), Rendezvous mit Tier und Mensch. Eigenverlag. Wien, 99–108.

Liedtke, M. 2003: Otto Koenig: Über Zusammenhänge von Natur und Kultur. – In: Verein für Ökologie und Umweltforschung (Hg.), Lebenselement Wasser. Facultas. Wien, 7–27.

Liedtke, M. 2013: Zum Geleit: Es lohnt sich, weiterhin über Otto Koenig zu reden … . – In: Lukschanderl, L., Otto Koenig. Der Tierprofessor vom Wilhelminenberg. Holzhausen. Wien, 15–21.

Liedtke, M. 2014: Alfred Treml †. – In: Bender, O., Kanitscheider, S., Treml, A. K. (Hg.), Schuld – Schulden – Schuldigkeit. Erlösung oder Bankrott. Historische und aktuelle Bezüge in kulturethologischer Sicht. (= 39. Matreier Gespräche zur Kulturethologie 2013. Schriftenreihe der Otto-Koenig-Gesellschaft). BoD. Norderstedt, 17–20.

Liedtke, M., Schneider, M. 1990: Schule zwischen Tradition und Wandel. (= Themen- und Kataloghefte des Bayerischen Schulmuseums Ichenhausen 3). Bayerisches Nationalmuseum. München.

Liedtke, M., Schneider, M. 1996: Schulsport. Geschichte und Gegenwart. (= Themen- und Kataloghefte des Bayerischen Schulmuseums Ichenhausen 9). Bayerisches Nationalmuseum. München.

Lorenz, K. 1974: Analogy as a Source of Knowledge. – In: Science 185 (4147), 229–234.

Lorenz, K. 1981: Zur Vorgeschichte der Kulturethologie. – In: Institut für Vergleichende Verhaltensforschung der Österreichischen Akademie der Wissenschaften (Hg.), Maske, Mode, Kleingruppe. Beiträge zur interdisziplinären Kulturforschung. (= Matreier Gespräche 1976–1979). Jugend und Volk. Wien u. a., 7–10.

Lorenz, K. 1983: Vorhaben, Ergebnisse, Erkenntnisse. Tonbandaufzeichnung in Altenberg vom 29. März 1983. – In: Koenig, O. (Hg.), Verhaltensforschung in Österreich. Konrad Lorenz 80 Jahre. (= Matreier Gespräche 1980). Ueberreuter. Wien u. a., 324–331.

Lorenz, K. 1984: Ein neuer Wissenschaftszweig – die Kulturethologie. – In: Gesellschaft der Freunde der Forschungsgemeinschaft Wilhelminenberg (Hg.), Otto Koenig 70 Jahre. Kulturwissenschaftliche Beiträge zur Verhaltensforschung. (= Matreier Gespräche 1981–1983). Ueberreuter. Wien u. a., 7–9.

Lukschanderl, L. 2013: Otto Koenig. Der Tierprofessor vom Wilhelminenberg. Holzhausen. Wien.

Reingrabner, G. 1997: Die Gesellschaft der Freunde der Forschungsgemeinschaft Wilhelminenberg. – In: Forschungsgemeinschaft Wilhelminenberg & Gesellschaft der Freunde der Forschungsgemeinschaft Wilhelminenberg (Hg.), Rendezvous mit Tier und Mensch. Eigenverlag. Wien, 40–56.

Riedl, R. 1994: Ordnungsmuster der Evolution. – In: Liedtke, M. (Hg.), Kulturethologie. Über die Grundlagen kultureller Entwicklungen. Dem Begründer der Kulturethologie Otto Koenig (1914–1992). Realis. München, 18–25.

Schmied, A. 1997: Der Wilhelminenberg. – In: Forschungsgemeinschaft Wilhelminenberg & Gesellschaft der Freunde der Forschungsgemeinschaft Wilhelminenberg (Hg.), Rendezvous mit Tier und Mensch. Eigenverlag. Wien, 13–26.

Transfeldt, W. [3]1942: Wort und Brauch im deutschen Heer. Geschichtliche und sprachliche Betrachtungen über militärische Ausdrücke, Einrichtungen und Gebräuche in alter und neuer Zeit. Von Diepenbroick-Grüter & Schulz. Hamburg.

Trauttmansdorff, J. 1997: Die Forschungsgemeinschaft Wilhelminenberg. – In: Forschungsgemeinschaft Wilhelminenberg & Gesellschaft der Freunde der Forschungsgemeinschaft Wilhelminenberg (Hg.), Rendezvous mit Tier und Mensch. Eigenverlag. Wien, 57–62.

Weinzierl, H. 1990: Vom Schilfswald zur Kulturethologie. Laudatio für Otto Koenig (1982). – In: Koenig, O. (Hg.), Naturschutz an der Wende. Jugend und Volk. Wien, 9–12.

5.2 Weitere Literatur

Berger, K. 1984: Otto Koenig 70 Jahre. Beschreibung eines Lebensweges. – In: Gesellschaft der Freunde der Forschungsgemeinschaft Wilhelminenberg (Hg.), Otto Koenig 70 Jahre. Kulturwissenschaftliche Beiträge zur Verhaltensforschung. (= Matreier Gespräche 1981–1983). Ueberreuter. Wien u. a., 11–16.

Liedtke, M. 1984: Matreier Gespräche für interdisziplinäre Kulturforschung. Wege zur Integration von Wissenschaft. – In: Gesellschaft der Freunde der Forschungsgemeinschaft Wilhelminenberg (Hg.), Otto Koenig 70 Jahre. Kulturwissenschaftliche Beiträge zur Verhaltensforschung. (= Matreier Gespräche 1981–1983). Ueberreuter. Wien u. a., 86.

Liedtke, M. 1989: Vorwort. Paarbildung und Ehe. – In: Liedtke, M. (Hg.), Biologische Grundlagen und kulturelle Aspekte: Otto Koenig zur Vollendung des 75. Lebensjahres. (= Matreier Gespräche 1987). Jugend und Volk. Wien u. a., 9–10.

Liedtke, M. 2005: Ökologie und Umweltforschung zwischen Utopie und Realität. Ökologische Überlegungen aus Anlass des 20-jährigen Jubiläums des Vereins für Ökologie und Umweltforschung. – In: Verein für Ökologie und Umweltforschung (Hg.), Mensch und Wirtschaft. Effizienz und Effektivität in der Ressourcenbereitstellung. Umwelttagung des Vereins für Ökologie und Umweltforschung vom 30. September bis 1. Oktober 2004 in Passau. Facultas. Wien, 25–46.

Mündl, K. 1991: Beim Menschen beginnen. Otto Koenig im Gespräch mit Kurt Mündl. Jugend und Volk. Wien.

Salat, J. [o. J.]: Otto Koenig, 1914–1992, Biografie. Verein für Ökologie und Umweltforschung. Wien. – http://www.voeu.co.at/de/media/Otto_Koenig_Biografie.pdf (Zugriff: 01.11.2015).

Helmwart Hierdeis

Ein Psychoanalytiker liest Otto Koenigs „Urmotiv Auge"

„Man erblickt nur, was man schon weiß und versteht"
(J. W. von Goethe an Friedrich von Müller, 24. April 1819;
von Goethe 1954, 142).

„Wär nicht das Auge sonnenhaft,
Die Sonne könnt es nie erblicken;
Läg nicht in uns des Gottes eigne Kraft,
Wie könnt uns Göttliches entzücken?"
(J. W. von Goethe: Zahme Xenien 3;
von Goethe 1960, 661–671).

Zusammenfassung

Im Folgenden geht es einerseits um die Vorstellung von Otto Koenigs umfassender Untersuchung zur Funktion des Augenmotivs bei höheren Organismen und in der Kultur, andererseits um den kritischen Blick Koenigs über die Kulturethologie hinaus auf andere Humanwissenschaften. Den Vorwurf der Biologievergessenheit richtet er unter anderem auch an die Adresse von Sigmund Freud und die Psychoanalyse. Der Verfasser des Beitrags belegt, dass Koenigs Kritik von falschen Voraussetzungen ausgeht und das theoretische Niveau der kulturethologischen Recherche und Systematik nicht halten kann.

1 Vorbemerkung

Otto Koenigs „Urmotiv Auge" (1975) gilt nicht nur als eines seiner wichtigsten Bücher, sondern zugleich als konzentrierte Selbstdarstellung der Kulturethologie, weil der Autor hier versucht, sein Verständnis der von ihm entwickelten Disziplin exemplarisch offenzulegen, ihr Verhältnis zu den Kulturwissenschaften zu bestimmen und am Beispiel des Forschungsobjekts „Auge" zu demonstrieren, wie ergiebig es sein kann, die biologischen Grundlagen materieller und ideeller Kultur zu erforschen.

Weil Lesen von subjektiven Interessen gesteuert ist – was weder der Leser verleugnen, noch der Autor verhindern kann –, werden Biologen und Vergleichende Verhaltensforscher das Buch anders lesen als Kunstgeschicht-ler, Ethnologen oder Kultursemiotiker, und Philosophen anders als Psychologen, Pädagogen oder gar Psychoanalytiker. Dass überhaupt so viele potenzielle Interessenten sich angesprochen fühlen können, liegt in der Kulturethologie selbst begründet. Sie sucht einerseits die Kulturwissenschaften auf, um aus ihren Forschungsergebnissen Material für eigene Fragestellungen und Belege zur Stützung ihrer Theorie zu gewinnen, und sie fordert diese Disziplinen andererseits dazu auf, die je eigenen Theorien in ihr zu spiegeln und zu überprüfen, ob ihre biologischen Voraussetzungen darin angemessen berücksichtigt sind.

Von meiner Profession her hätte ich das Buch auch als Pädagoge lesen können. Anreize dazu gäbe es zur Genüge (zum Beispiel Koenigs Ansichten zu Autorität, Vorbild, Führung, Gehorsam, Anpassung usw.). Ich habe aber eine psychoanalytische Lesart gewählt, wie auch sonst häufig, wenn es – wissenschaftlich oder belletristisch – um menschliche Entwicklungen und Beziehungen und um die damit verbundenen psychischen Folgen ihres Gelingens und Misslingens geht.

Im vorliegenden Fall fühle ich mich in mehrfacher Weise dazu animiert, denn es

1. ist das Auge als faktisches und symbolisches Beziehungsorgan selbst Gegenstand psychoanalytischer Betrachtung und Reflexion (vgl. Freud 1905d; 1910i; vgl. Rövekamp 2013; Müller 2015);
2. haben in der Psychoanalyse die Begriffe Symbol und Motiv (Löchel 2014, 923ff.; Gedo 2014, 582ff.) spezifische Relevanzen und Konnotationen;
3. hat auch Freud seine Aufmerksamkeit auf kulturelle Verlaufsformen gerichtet, vor allem was die menschheitsgeschichtliche Entwicklung der Moral und ihrer neurotisierenden Folgen angeht (Freud 1912-13a; Burkholz 1995);
4. hat Otto Koenig selbst in seinem Buch von kulturethologischer Seite aus Sigmund Freud und die Psychoanalyse mehrfach angesprochen.

Es wäre in diesem Zusammenhang zwar auch denkbar gewesen, Koenigs Wissenschaftsverständnis, seinen methodischen Umgang mit dem Forschungsobjekt „Auge" und seine zentralen Begriffe psychoanalytisch zu beleuchten. Aber seine gelegentlichen Seitenhiebe auf Freud und die Psychoanalyse gaben letzten Endes den Ausschlag, meine Aufmerksamkeit ausschließlich auf sie und ihre Begründung zu richten.

2 Aufriss des Buchs

Otto Koenig hat seinen Text in vier Abteilungen untergliedert. Im ersten, „Einleitenden Teil" (Koenig 1975, 9ff.), bekundet er die Absicht, „der ethologischen Bedeutung des Auges sowohl in biologischen wie in kulturellen Bereichen" (ebd., 14) nachzugehen. Zu diesem Zweck legt er sich – wie schon in einer früheren Publikation (Koenig 1970) – auf folgende „Definition" von „Kulturethologie" fest: „ ‚Kulturethologie' ist eine spezielle Arbeitsrichtung der Vergleichenden Verhaltensforschung (Ethologie), die sich mit den ideellen und materiellen Produkten (Kultur) des Menschen, deren Entwicklung, ökologischer Bedingtheit und ihrer Abhängigkeit von angeborenen Verhaltensweisen, sowie mit entsprechenden Erscheinungen bei Tieren befasst" (Koenig 1975, 19).

Im Anschluss daran skizziert er die Entstehung der Vergleichenden Verhaltensforschung, schätzt ihre aktuelle Position ein und hebt jene Forscher hervor, die besonderen Einfluss auf sein Verständnis vom Zusammenspiel zwischen Biologie und Kultur genommen haben. Dankbar erwähnt er Konrad Lorenz, Bernhard Rensch, Nikolaas Tinbergen, Wolfgang Wickler und Irenäus Eibl-Eibesfeldt (ebd., 11, 14, 21). Schließlich stellt er, wie am Schluss noch einmal, seine „Arbeitsrichtung" den Geisteswissenschaften gegenüber und entdeckt bei ihnen eine Reihe von Irrtümern und Defiziten, insbesondere was ihre seiner Ansicht nach idealistischen Vorstellungen von Freiheit und Moral angeht.

Dem folgt der „Grundriß eines Aktionssystems des Menschen": „Da der Problemkreis ‚Auge' ohne hinreichende Berücksichtigung des Organträgers nicht zu verstehen ist", so Koenig, ist es „notwendig, das Aktionssystem des Menschen zu skizzieren, wie es sich aus kulturethologischer Sicht darbietet" (ebd., 25). Aus den für jedes Lebewesen bestimmenden beiden Determinanten „phylogenetische Vergangenheit" und „ökologische Gegenwart" (ebd., 32) leitet er vier weitere Determinanten ab:

1. die gegenwärtige Stammbaumposition (ebd., 32),
2. die ökologische Funktion, bemessen nach der Art der „Nahrungsaufnahme" (ebd., 32f.),
3. die ökologische Situation, das heißt die „landschaftliche Einpassung" (ebd., 33f.) und
4. die „soziale Struktur" (ebd., 34f.).

Diese vier Determinanten überträgt Koenig auf den *homo sapiens* und kommt

ad 1) zu einer Beschreibung des Menschen als „höchstorganisiertes Lebewesen" (ebd., 39ff.),

ad 2) zur Einordnung des Menschen als „Jäger und Sammler" (ebd., 42ff.),

ad 3) zur Bestimmung des Menschen als „taglebender Bewohner strukturierten Geländes" (ebd., 47ff.) und

ad 4) zur Charakterisierung des Menschen als „Kleingruppenwesen" (ebd., 51ff.).

„Die Komplexität eines Aktionssystems und die Struktur seiner Teilphänomene" sind, so Koenig, „ohne ökologische Verhaltensanalyse nicht erfassbar" (ebd., 57). „Das gilt in vollem Umfang auch für die kulturellen Leistungen des Menschen und im speziellen Fall für die vielschichtigen Realisations- und Auswirkungsformen der Augenornamentik und des Augenzaubers, die ja letztlich, abgesehen vom phylogenetischen Erbe, aus der Konfrontation des Menschen mit seiner Umwelt resultieren" (ebd., 57).

Den zweiten Teil (ebd., 59ff.) eröffnet Koenig mit einem kurzen Abschnitt zur Methodik. Er bekennt sich zu einem Verständnis von Methode „als dem jeweiligen Fall anpaßbares, entwicklungsfähiges Hilfsmittel" (ebd., 63). Er führt auf: genaues Beobachten (z. B. von Tieren), das Mitleben mit fremden Sozietäten, die Entschlüsselung ihrer Mitteilungen durch Gewährsleute (ebd., 64f.), formelle Befragungen im Rahmen von Feldforschungsprojekten und die Anlage von Objektsammlungen und deren Erschließung. Wie er jeweils dabei vorgeht, verrät er nicht. In den von ihm genannten Beispielen scheinen quantitative und qualitative Methoden mühelos vereinbar zu sein. Anstelle einer wissenschaftstheoretischen Festlegung plädiert er unter Berufung auf Konrad Lorenz für eine „‚Analyse in breiter Front', bei der man die Kenntnis aller Teile eines Phänomens im gleichen Maße vorantreibt und die Ganzheit stets im Auge behält" (ebd., 72).

Der „Methodik" folgt die ausführliche Darstellung und Interpretation seiner Befunde (ebd., 73ff.). Er beginnt mit den biologischen Grundtatsachen von Formen und Funktionen des Auges als „Signalgeber" und „Signalempfänger" und von Augenattrappen bei Tieren (ebd., 73ff., 93ff.) und setzt sie in einem dritten, „Speziellen Teil", fort mit Belegen zur kulturellen Vielfalt von Funktionen des Augenmotivs vom „bösen Blick" über „magische

Abwehrtaktiken" bis hin zur heutigen Werbung. Es folgt eine Auflistung und Funktionsbeschreibung von Objekten und Formen, die, wie bei zahlreichen Tiergattungen, das Augenmuster variieren oder in denen Menschen unterschiedlichster Kulturen das Auge wiederzuerkennen glauben und ihm entsprechende Wirkungen zuschreiben (ebd., 207ff.).

In einem vierten Kapitel sucht Otto Koenig die „Diskussion mit anderen Wissenschaften" (ebd., 437ff.). Zu diesem Zweck referiert er die bisherigen Forschungen zum Augenmotiv „im Bereich der Symbolornamentik, der Magie sowie des Heils- und Abwehrzaubers" (ebd., 439ff.). Er gesteht den Forschern zu, dass auch sie, aus anderen Forschungstraditionen kommend, „zur Erkenntnis der fundamentalen Bedeutung des Auges als Ausdrucksmittel im menschlichen Bereich" (ebd., 449) gelangt sind, spricht sich selbst aber das Verdienst zu, das, „was von seiten der Psychologie und Kulturgeschichte bisher nur diffus beschrieben oder unbefriedigend erklärt werden konnte" (ebd., 450), mit seiner Kulturethologie auf den Punkt gebracht zu haben.

In den „Psychologischen Schlussfolgerungen" (ebd., 451ff.) fordert Koenig von der Psychologie, sie müsse naturwissenschaftlich denken, weil sich nur so für die Ethologie eine Zusammenarbeit lohne. – Die Frage, ob nicht auch die Kulturethologie anpassungsfähig sein müsse, stellt er sich nicht. – Seiner Beobachtung nach ignoriert die Psychologie aber weitgehend den ökologischen Aspekt, wonach „der Mensch stammesgeschichtlich einer bestimmten Umweltsituation angepasst ist" (ebd., 452). Nach einer kritischen Stellungnahme gegenüber Sigmund Freud und der Psychoanalyse verlässt er die Augenthematik noch einmal, um das Problem der psychischen Folgen des Massenwohnbaus hervorzuheben (ebd., 461ff.). Der Hinweis auf diese ökologische Überforderung des Menschen sei besonders für Psychologen und Psychoanalytiker beziehungsweise Psychotherapeuten bedeutsam. Wenn Koenig ganz zum Schluss „Die Bedeutung kulturethologischer Betrachtungsweisen für die Geisteswissenschaften" anspricht (ebd., 464ff.), entfernt er sich noch weiter von seinem Forschungsgegenstand „Auge" und deutet Kooperationsmöglichkeiten zwischen den diversen Ethnologien und der Kulturethologie an.

3 Otto Koenigs „Urmotiv Auge" im Spiegel der Medien

Auf meine Anfrage hin ließ mir der Piper-Verlag in München, in dem das Buch 1975 erschienen ist, ein Konvolut von 21 Rezensionen zukommen.

Jene neun Medien, die sich darauf beschränken, den Inhalt mehr oder weniger ausführlich zu referieren, erwähne ich nur:

Kärntner Tageszeitung vom 13.7.1976

Südost-Tagespost vom 4.7.1976

Neue Kronenzeitung 20.12.1975

Der Spiegel, Heft 51/75

Solinger Tagblatt vom 2.4.1976

Bild der Wissenschaft vom Juni 1976

tz vom 27./28.12.1975

Der Tagesspiegel vom 11.4.1976

Salzburger Volksblatt vom 7.8.1976

Die folgenden zwölf Rezensionen vereinen in sich bestätigende und kritische Stimmen:

- Eine vorbehaltlos positive Einschätzung kommt von der Sendung „Enzyklopädie" des ORF vom 1.2.1976: Otto Koenig habe „neue Grundzüge des menschlichen Verhaltens" entdeckt und „im Tierreich viele, viele Muster und Bedeutungen ausfindig gemacht". Auch die Illustrationen von Lilly Koenig werden rühmend hervorgehoben.

- Die Architekturzeitschrift „Bauwelt" (29.10.1976) fordert die Architekturlehrer auf, „zuzugreifen", weil das Buch dazu zwinge, Neuland zu betreten.

- Das Kärntner Regionalprogramm des ORF (2.8.1976) urteilt, dass an „des Autors Thesen […] niemand vorbeigehen dürfte, der sich für den Menschen, seine Stellung in der Natur und die Schlüsse, die er aus dieser Stellung zieht, interessiert."

- Der „Rheinische Merkur" (27.2.1976) sieht in dem Buch „ein Schlüsselwerk über menschliches Verhalten und seine biologischen, tiefenpsychologischen und sozialen Grundstrukturen, wie es in ähnlich umfassender Weise auch unter den gegenwärtigen Standardwerken kaum Vergleichbares findet."

- Die Hamburger Zeitung „Die Welt" (20.3.1976) glaubt zwar, man könne auf „rund hundert Seiten kondensierter Konrad Lorenz und Otto Koenig" verzichten, sieht aber andererseits die „bisher noch nie zusammengeschauten Befunde der Archäologen, Ethnologen und Magieforscher […] in Koenigs grandioser Augen- und Amulettschau ethologisch in Zucht genommen."

- Die „Frankfurter Allgemeine Zeitung" (10.8.1976) kommt zu einem ambivalenten Urteil. Nach einem ausführlichen Referat des Inhalts („weitschweifig und doch interessant") schließt sie: „Vor allem in seinen Einleitungs- und Schlusskapiteln beschimpft er [Otto Koenig; Anm. d. Verf.] alle Theoretiker, die nicht wie Lorenz und seine Schüler die Biologie als Basis aller Gesellschaftswissenschaften betrachten, als ‚Ideologen'. Das bleibt wohl auch noch eine Weile so: Man muß Arbeiten der Tierverhaltensforscher zunächst weiterhin gelassen ideologiekritisch gegen den Strich lesen, um ihre interessanten Informationen verwerten zu können."

- Die Zeitschrift „Kosmos" (III/1976) sieht die Gefahr, „dass das Sammeln von allem, was zum Thema ‚Auge' auch nur entfernte Beziehung hat", zu einem „Almanach des Aberglaubens" führt. Das sei aber der Tribut, den man der „Synthese der zwei Wissensgebiete zu einer Kulturethologie" zollen müsse.

- Die „Süddeutsche Zeitung" (20./21.2.1976) anerkennt die reiche Materialsammlung, vermutet aber, dass manches wohl weniger eindeutig sei, als der Autor wahrhaben wolle.

- Die Wiener „Wochenpresse" (25.2.1976) spielt die „unprätentiösen" und „realistischen" Zeichnungen von Lilly Koenig gegen Otto Koenigs „wahllos angehäufte und wenig strukturierte Materialsammlung" aus und hebt als Negativa besonders die wenig sachbezogenen Stellungnahmen „zu Marx, Freud, Aggression und antiautoritärer Erziehung", die „fragwürdigen Thesen" und den „von einer Sehnsucht nach besseren, vergangenen Tagen" angefüllten Text hervor, der die Verhaltensforschung in Misskredit bringe.

- „Die Presse" aus Wien stößt sich einerseits an Koenigs Polemik gegen die Geisteswissenschaften und Freuds Psychoanalyse und unterstellt dem Autor, er wolle „mit den ‚anderen' ins Gespräch kommen, um sie zu überreden". Andererseits anerkennt sie, dass das Buch „lehrreich und kraft der gebotenen Stoffmenge immer anregend" sei.

- Die Besprechung des „Westdeutschen Rundfunk" (8.3.1976) lobt „eine überwältigende Fülle, geistvoll geordnet und scharfsinnig gedeutet, dabei leicht lesbar dargestellt, ohne popularisierendes Rankenwerk und ohne Experten-Pomp", registriert aber auch die gelegentlich wahllose Eingemeindung von Rundformen. „Da rührt sich doch die Frage", heißt es da, „ob hier nicht ein Augen-Besessener seinem Studienobjekt zum Opfer gefallen ist und die formale Übereinstimmung (oder Ähnlichkeit) zu schnell als Beweis oder wenigstens als Hinweis darauf wertet, daß auch die Schöpfer oder Benutzer des Symbols ‚in Wirklichkeit' oder ‚ursprünglich' das Auge gemeint haben müssen".

- Um ein ausgewogenes Urteil bemüht sich der „Kölner Stadtanzeiger" (9./10.10.1976). Er sieht die „Bedeutung dieses Buchs nicht zuletzt darin, daß es auf seine Weise die Trennung zwischen Natur- und Geisteswissenschaften überwindet". Dem stehe Koenigs Art, philosophische Urteile zu fällen, entgegen: Mit seinem „etwas salopp vorgetragenen Anspruch, mit der Aufhebung der ‚Fiktion vom freien Entscheidungswillen des Menschen' " habe er „auch schon die ‚Trennwand zwischen Natur- und Geisteswissenschaften abgerissen' ", habe er seine Urteilsmöglichkeiten weit überzogen. „Koenig beobachtet zwar genial, doch philosophiert er miserabel. So leicht, wie er meint, läßt sich weder die Idee der Freiheit noch die Geschichte ihrer philosophischen Interpretation einschmelzen. Wer solche Arroganz der Empirie überhört, kann im übrigen sehr viel von ihr lernen".

- Die Hamburger Wochenzeitung „Die Zeit" (26.3.1976) hält Koenigs „Ausbeute" beim Sammeln von Augenmotiven für „überwältigend", hält aber dagegen, dass er „mit einer Art Besessenheit jegliche zauberische Rundgestalt als „Auge" denke. Für den Rezensenten stellt sich die Frage, „ob mit dem Hinweis auf die genetische Bedingtheit wirklich etwas erklärt ist, oder ob damit nur das Faktum verdunkelt wird, daß das Auge mit einem weit über biologische Zweckmäßigkeit hinausreichenden Sinne Welterfahrung und Weltbild vermittelt und in etwa diesem Sinne stets als besonders wichtig oder gar verehrungswürdig erschienen ist." Auch er ist überzeugt davon, dass sich „das ‚Geistige' auf dem Substrat biologischer Existenz ereignet, aber wie könnte je die Analyse des Substrats als ‚Primärerklärung' dienen für das, was auch diesem Substrat herauswächst" (vgl. dazu auch Lukschanderl 2014, 133f.).

4 Otto Koenig und die Psychoanalyse

Für Otto Koenig ist die Psychologie eine wichtige Bezugswissenschaft, weil sie sich neben dem Verhalten des Menschen auch mit dem von Tieren befasst und weil sie zunehmend naturwissenschaftlich orientiert ist. Vorbildlich für eine empirische Ausrichtung ist für ihn der Wiener Psychologe

Hubert Rohracher, der, wie er selbst sagt, das „kranke Seelenleben in das Forschungsgebiet der Naturwissenschaften" integriert sehen möchte (zitiert nach Koenig 1975, 451). Diesem Anspruch genügt seiner Auffassung nach die Psychoanalyse Sigmund Freuds nicht. – Dass Freud die Psychoanalyse nicht als Psychologie ansah, ist dem Autor nicht aufgefallen. – Ich wandle seine verstreuten Anmerkungen zur Psychoanalyse in Thesen um. Koenig stellt also fest:

1. Freud „als im Grunde eher unbiologisch denkendem Großstadtmenschen" sind „manche Fehleinschätzungen" unterlaufen, weil er mit einer „geisteswissenschaftlich orientierte[n] Methode" gearbeitet hat (Koenig 1975, 452).

2. Aufgrund seines geisteswissenschaftlichen Denkens erklärt Freud „den Menschen als isolierte Ganzheit" (ebd., 452).

3. Freud postuliert „eine aus der Geburtssituation resultierende ‚Urangst' als Quelle späterer Ängste" (ebd., 452).

4. Freud nimmt eine menschliche „Sehnsucht nach Rückkehr in den Uterus" (ebd., 452) an.

5. Freud erkennt in der Sexualität eine „nicht bloß der Fortpflanzung dienende [...] Funktion", sondern versteht sie „als zentrale Kraftquelle, ja als Stützgerüst menschlichen Wirkens" (ebd., 452).

6. Das Freudsche „Über-Ich" ist Ausdruck einer im Rahmen der biologisch vorgegebenen Rangordnung notwendigen Vorbildfunktion (ebd., 147).

7. Die von Freud postulierte „Kastrationsangst" hängt vermutlich mit seiner Herkunft aus dem Judentum und der dort geltenden Beschneidungstradition zusammen (ebd., 453).

Kommentar:

ad 1) Ob „Großstadtmenschen" per se größere Schwierigkeiten haben, „biologisch" zu denken als Menschen, die auf dem Land aufgewachsen sind, lasse ich offen. Was jedoch Freuds wissenschaftliche Orientierung angeht, so ist er als gelernter experimenteller Neurologe und als Arzt per se kein Geisteswissenschaftler, als an Lamarck orientierter Evolutionstheoretiker gleichfalls nicht. Weiterhin arbeitet er als Erforscher psychischer Prozesse zumindest anfänglich mit einer physikalischen Terminologie („Energie", „Widerstand") (Bally 1961) und als Entwicklungstheoretiker im Rahmen seiner Triebtheorie mit biologischen Begriffen. Die Reihe ließe sich fortführen. Im Gegensatz zu Koenigs Einschätzung konnte er mit den typischen geisteswissenschaftlichen Denkformen und Methoden, der Hermeneutik Diltheys und der Phänomenologie Husserls, wenig anfangen (vgl. ebd., 15). Ausgerechnet Gustav Bally, dessen „Einführung in die Psychoanalyse Sigmund Freuds" aus dem Jahr 1961 Koenig als einzige psychoanalytische Sekundärliteratur anführt, fasst die wissenschaftstheoretische Position Freuds in einer Weise zusammen, die dem Kulturethologen Koenig keinesfalls entsprechen konnte, die er aber offenbar nicht zur Kenntnis genommen hat:

> „Seine [Freuds; Anm. d. Verf.] Überzeugung, daß das menschliche Wesen mit Hilfe einer Psychologie erkennbar sei, die in physikalisch-exakten Begriffen von Elementarfunktionen und deren Wirkungszusammenhängen sich bewegt, sein Glaube an die Objektivität von Naturgesetzen und damit an die Aufgabe, solche Gesetze zu entdecken, sein Glaube endlich an den Wahrheitswert onto- und phylogenetischer Annahmen führen ihn zu den psychologischen Hypothesen und Spekulationen, in denen er seine Befunde verstanden wissen will und in denen er sie selbst versteht" (Bally 1961, 11).

Freud als Geisteswissenschaftler? Was Koenig bei Freud allenfalls als „geisteswissenschaftlich" hätte registrieren können, sind seine Deutungen von Kunst, Literatur, Religion und Menschheitsgeschichte – nicht zuletzt seine Trauminterpretationen und die Analysen der Erzählungen von Patientinnen und Patienten. Aber auch sie sind nur der Überbau auf einem naturwissenschaftlichen Funktionssystem.

ad 2) Es trifft zu, dass Freud kein erkennbares Interesse an der physiologischen Verwandtschaft des Menschen mit den höheren Organismen hatte. Aber allein seine ständigen Rückgriffe auf Darwin und Lamarck (Freud 1912-13a; Burkholz 1995) verbieten die Annahme, er habe den Menschen als ein in sich geschlossenes System angesehen. Er setzte die Herkunft des Menschen von anderen Organismen schlichtweg voraus. Nicht umsonst sah er in der Lehre Darwins – neben der des Kopernikus/Galiläi und seiner eigenen – eine der drei großen Kränkungen des heutigen Menschen (Freud 1917a, 3ff.).

ad 3) Freud entwickelte ursprünglich (Freud 1895b) eine „biologistische" (Bassler 2014, 83) Angsttheorie, der zufolge angestaute libidinöse Triebenergie, die nicht abgeführt werden kann, „als unlustvoll erlebt wird und mittelbar die Qualität von Angst gewinnt" (Bassler 2014, 83). Sie wurde später abgelöst durch eine „kognitive" Angsttheorie, wie sie sich auch in heutigen Konzepten außerhalb der Psychoanalyse wiederfindet: Angst sei eine Reaktion des Ich bei Gefahrensituationen (Freud 1926d). Seine frühe Vermutung, der für das Neugeborene Beengungsgefühle vermittelnde Geburtsvorgang sei die Ursituation aller Ängste und die späteren Ängste stünden im Zusammenhang damit, ließ er bald wieder fallen.

ad 4) Die Idee vom unbewussten Wunsch nach einer Rückkehr in den Uterus stammt nicht von Freud, sondern aus dem „Versuch einer Genitaltheorie" seines Schülers Sandor Ferenczi (1924). Hier wiederum steht sie im Zusammenhang mit einer Theorie des Ich-Ideals (Mertens 2014, 388ff.). Ferenczi ging der Frage nach, wie das ideale Identifikationsobjekt aussehen könnte und fand eine ihm plausibel erscheinende Antwort in der schützenden und allseits versorgenden Hülle des mütterlichen Uterus.

ad 5) Freud sah in der Sexualität des Menschen in der Tat eine Lebenszeit umspannende physische, aber eben auch psychische Funktion, in der das genitale Element erst heranreifen muss (Freud 1905d). Die Funktionen der Sexualität bleiben also nicht, wie Koenig annimmt, auf Fortpflanzung und Paarbindung beschränkt, sondern entwickeln sich als „etwas weit Selbständigeres, das sich […] allen anderen Tätigkeiten des Individuums gegenüberstellt und erst durch eine komplizierte, an Einschränkungen reiche Entwicklung in den Verband der individuellen Ökonomie gezwungen wird" (Freud, zitiert nach Koenig 1975, 452). Diese komplizierte Selbständigkeit verdankt sich einerseits den kulturellen Vorschriften, die die sexuellen Praktiken und Vorstellungen durch das ganze Leben hindurch begleiten, andererseits dem menschlichen Bedürfnis, die Sexualität in einem sich von der Fortpflanzungsfunktion weit entfernenden Ausmaß symbolisch repräsentiert zu sehen.

ad 6) Ich kann an dieser Stelle das Modell der psychischen Instanzen „Ich – Es – Über-Ich" bei Freud und dessen Entwicklung nicht vorstellen (Freud 1914c; 1923b). Es genügt darauf hinzuweisen, dass das „Über-Ich" eine zwar durch Sozialisation vermittelte, aber von bestimmten Personen abgelöste, strenge normative Instanz darstellt, deren Charakter ambivalent ist: Sie bindet den Menschen in die Gesellschaft ein und behindert gleichzeitig seine Autonomie. Es ist daher vom „Ich" stets daraufhin zu prüfen, ob seine Ansprüche angemessen sind (Mertens 2014, 388ff.; Trimborn 2014, 1000ff.). Weil dem „Ich" die eigentliche Steuerungsfunktion zukommt, gilt das „Über-Ich" als Substruktur des „Ich" (Trimborn 2014,

1001). Mit „Vorbild" und „Rang" im Sinne Koenigs hat das „Über-Ich" nichts zu tun.

ad 7) Das Konzept des „Kastrationskomplexes" geht nicht auf jüdische Traditionen zurück, sondern beruht auf der Beobachtung von Genitalphantasien bei kleinen Jungen und Mädchen, die den Geschlechtsunterschied zunächst nicht als gegeben, sondern als gemacht ansehen und sich mit realen und phantasierten Kastrationsandrohungen auseinandersetzen müssen: „Auf der Stufe der [...] infantilen Genitalorganisation gibt es zwar ein männlich, aber kein weiblich; der Gegensatz lautet hier: männliches Genitale oder kastriert" (Freud 1923e, 297). Die Bewältigung oder Nichtbewältigung führt, das war die Ansicht Freuds, zu nachhaltigen psychischen Strukturbildungen. Freuds Annahme von einem Kastrationskomplex war im Übrigen auch in der Psychoanalyse schon früh umstritten. So meinte Karen Horney 1924 polemisch, dass es sich bei der Freudschen Version des Kastrationskomplexes (Kastrationsangst als Voraussetzung für die Anerkennung des Vaters als Normgeber) um eine „angstgetrübte männliche Phantasie" (Horney 1924, zitiert nach Gerlach 2014, 473) handle. Der französische Soziologe und Ethnologe Claude Lévi-Strauss nahm an, die tatsächliche oder phantasierte Kastrationsandrohung sei in der Phylogenese eine wirksame Barriere gegen den Inzest gewesen (vgl. Burkholz 1995, 213f.; Gerlach 2014, 475).

Die Gegenüberstellung belegt, dass beim Blick in die Quellen von Koenigs Urteilen über Freud und die Psychoanalyse kaum etwas übrig bleibt. Ob wissenschaftliches Paradigma oder Anthropologie oder einzelne Theoriestücke (Angst, Regression, Sexualität, Kastrationskomplex): Er konnte oder wollte das Konzept der Psychoanalyse nicht einmal dort verstehen, wo es sich mit der Kulturethologie hätte verbinden lassen, wie bei Freuds naturwissenschaftlicher Orientierung oder bei den physiologischen und evolutionstheoretischen Grundlagen der Psychoanalyse oder beim erweiterten Begriff von Sexualität, der ja den Reichtum an Sexualsymbolen erst verständlich macht. Dass Koenig bei Freud wichtige Ergänzungen zum Thema „Auge" (zum Beispiel die Vermeidung des Blickkontakts im typischen psychoanalytischen Setting oder das Sehen im Zusammenhang mit Voyeurismus und Exhibitionismus) und Vertiefungen seiner zentralen Begriffe „Kultur", „Motiv" und „Symbol" nicht wahrgenommen hat, erwähne ich nur am Rande.

5 Resümee

Otto Koenigs „Urmotiv Auge" ist in seinem kulturethologischen For-schungsteil – der immerhin etwa drei Viertel der Textmenge umfasst – eine von ungewöhnlicher Sammel- und Systematisierungsleidenschaft geprägte Darstellung. Das haben auch viele andere Leser festgestellt. Sie zeigt, zu welch einer Leistung ein von seinem Thema ergriffener, in der Region wie in der „Welt" beheimateter Forscher fähig sein kann. Dieser Teil seines Buchs ist trotz einiger Grenzüberschreitungen (vgl. dazu auch Lukschanderl 2014, 134) „belehrend und ergötzend" zugleich.

Nun hat Otto Koenig sein Opus aber auch als Einführung in die Kul-turethologie anlegen wollen. Das hätte gelingen können, wenn er sich mit der knappen positiven Darstellung von Eigenart, Herkunft und Methoden seiner wissenschaftlichen Innovation begnügt hätte, die das Buch auf drei-ßig Seiten auch enthält (Koenig 1975, 26–57). Aber aus irgendeinem Grund fühlte er sich gedrängt, seine Entdeckung an allen zu messen, die sein Verständnis vom Zusammenhang zwischen Biologie und Kultur nicht teilen beziehungsweise nicht offen vertreten: an den Geisteswissenschaf-ten, an Teilen der Psychologie und vor allem an der Psychoanalyse. Selbst diese Abgrenzung hätte gut gehen können; sie hätte aber neben einer ge-wissen Offenheit gegenüber anderen Wegen wissenschaftlicher Wahrheits-findung eine genauere Kenntnis der kritisierten Wissenschaften erfordert. Über beides verfügte Otto Koenig nicht in ausreichendem Maße. So kam es – um nur zwei Beispiele zu nennen –, dass er die dem Philosophischen Wörterbuch von Schischkoff & Schmidt (1969) entnommene Information, der Begriff „Geisteswissenschaft" sei 1869 durch Schiels Übersetzung des Begriffs *moral sciences* in Deutschland eingeführt worden, so verstand, als ob mit dieser Herleitung auch schon der Inhalt abgedeckt sei, nämlich eine ethische Sonderstellung des Menschen, um ihn von seinen biologischen Ursprüngen abzuheben (Koenig 1975, 16). Von einer solchen Verengung ist aber bei Schischkoff & Schmidt (1969) nicht die Rede. Und Koenig bemerkte nicht, was ihm die Psychoanalyse im Hinblick auf die Funktion des Auges und die Erweiterung seines Motiv- wie seines Symbolbegriffs hätte anbieten können (zum Beispiel Ferenczi 1913; Abraham 1914; Feni-chel 1935). Von jemandem, der nicht sieht, obwohl er eigentlich sehen müsste, sagt der Volksmund, er habe einen „blinden Fleck". In der Bibel ist die Rede davon, dass die Augen der Jünger nach der Auferstehung Jesu „gehalten" waren (Lukas 24, 16). Psychoanalytiker würden vielleicht im übertragenen Sinne von „hysterischer Blindheit" sprechen (Freud 1910i; Rövekamp 2013, 100ff.). Goethe trifft es für mich am genauesten: Im Hinblick auf die Kunstbetrachtung hat er einmal formuliert: „Man erblickt nur, was man schon weiß und versteht" (von Goethe 1954, 142).

Dass Koenig ausgerechnet im Zuge seiner Kritik an den Geisteswissenschaften und an Freud auch formal nachlässig war, mag seiner zeitweiligen Überforderung als wissenschaftlichem Einzelkämpfer zuzuschreiben sein. Gerade in den polemisch-kämpferischen Passagen zu Beginn und am Ende des Buchs kommt es jedenfalls gehäuft zu fehlenden oder fehlerhaften Literaturbelegen. Auf Seitenangaben verzichtet Koenig generell, selbst bei wörtlichen Zitaten. Da hätte man dem Autor ein penibles Lektorat von Seiten des Verlags gewünscht.

Den Diskurs mit den anderen Wissenschaften, den Koenig als schreibender Wissenschaftler nur unzureichend beherrscht hat, praktizierte er als Initiator einer interdisziplinären Gesprächsrunde und als Diskutant in diesem Kreis umso besser. Das mag auch – ich spreche für die Zeit meiner Beobachtungen seit Mitte der 1980er Jahre – damit zu tun haben, dass er mit Max Liedtke jemanden für die Matreier Gespräche gewinnen konnte, der in der Lage war, natur- und geisteswissenschaftliches Denken vorurteilslos und produktiv miteinander zu verbinden. Vielleicht lag Otto Koenigs damaliger Einladung an ihn ein unausgesprochenes Eingeständnis eigener Unzulänglichkeit zugrunde – oder die unbewusste Sehnsucht nach Sichtweisen und Denkformen, die ihm aus eigenem Bemühen nicht zugänglich waren.

6 Literatur

Abraham, K. 1914: Über Einschränkungen und Umwandlungen der Schaulust bei den Psychoneurotikern nebst Bemerkungen über analoge Erscheinungen in der Völkerpsychologie. – In: Jahrbuch der Psychoanalyse. Neue Folge des Jahrbuchs für psychoanalytische und psychopathologische Forschungen 6, 25–88.

Bally, G. 1961: Einführung in die Psychoanalyse Sigmund Freuds. Rowohlt. Reinbek.

Bassler, M. [4]2014: Angstneurose, Phobie. – In: Mertens, W. (Hg.), Handbuch psychoanalytischer Grundbegriffe. Kohlhammer. Stuttgart, 82–87.

Burkholz, R. 1995: Reflexe der Darwinismusdebatte in der Theorie Freuds. Mit einem Vorwort von U. Oevermann. (= Jahrbuch der Psychoanalyse, Beiheft 19). Frommann-Holzboog. Stuttgart.

Fenichel, O. 1935: Schautrieb und Identifizierung. – In: Internationale Zeitschrift für Psychoanalyse 21 (4), 561–583.

Ferenczi, S. 1913: Zur Augensymbolik. – In: Internationale Zeitschrift für ärztliche Psychoanalyse 1 (2), 161–164.

Ferenczi, S. 1924: Versuch einer Genitaltheorie. Internationaler Psychoanalytischer Verlag. Leipzig.

Freud, S. 1895b: Über die Berechtigung, von der Neurasthenie einen bestimmten Symptomenkomplex als ‚Angst-Neurose' abzutrennen. – Zitiert nach: Freud, S., Gesammelte Werke. Band 1: Werke aus den Jahren 1892–1899. Fischer. Frankfurt a. M. 1952, 312–342.

Freud, S. 1905d: Drei Abhandlungen zur Sexualtheorie. – Zitiert nach: Freud, S., Gesammelte Werke. Band 5: Werke aus den Jahren 1904–1905. Fischer. Frankfurt a. M. 1942, 33–145.

Freud, S. 1910i: Die psychogene Sehstörung in psychoanalytischer Auffassung. – Zitiert nach: Freud, S., Gesammelte Werke. Band 8: Werke aus den Jahren 1909–1913. Fischer. Frankfurt a. M. 1943, 94–102.

Freud, S. 1912-13a: Totem und Tabu. – Zitiert nach: Freud, S., Gesammelte Werke. Band 9. Fischer. Frankfurt a. M. 1940.

Freud, S. 1914c: Zur Einführung des Narzißmus. – Zitiert nach: Freud, S., Gesammelte Werke. Band 10: Werke aus den Jahren 1913–1917. Fischer. Frankfurt a. M. 1949, 137–170.

Freud, S. 1917a: Eine Schwierigkeit der Psychoanalyse. – Zitiert nach: Freud, S., Gesammelte Werke. Band 12: Werke aus den Jahren 1917–1920. Fischer. Frankfurt a. M. 1947, 3–12.

Freud, S. 1923b: Das Ich und das Es. – Zitiert nach: Freud, S., Gesammelte Werke. Band 13: Jenseits des Lustprinzips; Massenpsychologie und Ich-Analyse; Das Ich und das Es; Und andere Werke aus den Jahren 1920–1924. Fischer. Frankfurt a. M. 1940, 237–289.

Freud, S. 1923e: Die infantile Genitalorganisation. – Zitiert nach: Freud, S., Gesammelte Werke. Band 13: Jenseits des Lustprinzips; Massenpsychologie und Ich-Analyse; Das Ich und das Es; Und andere Werke aus den Jahren 1920–1924. Fischer. Frankfurt a. M. 1940, 293–298.

Freud, S. 1926d: Hemmung, Symptom und Angst. – Zitiert nach: Freud, S., Gesammelte Werke. Band 14: Werke aus den Jahren 1925–1931. Fischer. Frankfurt a. M. 1948, 111–205.

Gedo, E. J. [4]2014. Motiv, Motivation. – In: Mertens, W. (Hg.), Handbuch psychoanalytischer Grundbegriffe. Kohlhammer. Stuttgart, 582–587.

Gerlach. A. [4]2014. Kastration. – In: Mertens, W. (Hg.), Handbuch psychoanalytischer Grundbegriffe. Kohlhammer. Stuttgart, 471–475.

Horney, K. 1924: On the genesis of the castration complex in women. – In: International Journal of Psychoanalysis 5, 50–65.

Koenig, O. 1970: Kultur und Verhaltensforschung. Einführung in die Kulturethologie. DTV. München.

Koenig, O. 1975: Urmotiv Auge. Neuentdeckte Grundzüge menschlichen Verhaltens. Piper. München.

Löchel, E. [4]2014: Symbol, Symbolisierung. – In: Mertens, W. (Hg.), Handbuch psychoanalytischer Grundbegriffe. Kohlhammer. Stuttgart, 923–927.

Lukschanderl, L. 2014: Otto Koenig. Der Tierprofessor vom Wilhelminenberg. Holzhausen. Wien.

Mertens, W. [4]2014: Ich-Ideal. – In: Mertens, W. (Hg.), Handbuch psychoanalytischer Grundbegriffe. Kohlhammer. Stuttgart, 388–398.

Müller, S. (Hg.) 2015: Psychoanalyse des Blicks: Bildende Kunst, Fotografie, Film. Parodos. Berlin.

Rövekamp, E. 2013: Das unheimliche Sehen – das Unheimliche sehen. Zur Psychodynamik des Blicks. Psychosozial-Verlag. Gießen.

Schischkoff, G., Schmidt, H. 1969: Philosophisches Wörterbuch. Kröner. Stuttgart.

Trimborn, W. [4]2014: Überich. – In: Mertens, W. (Hg.), Handbuch psychoanalytischer Grundbegriffe. Kohlhammer. Stuttgart, 1000–1005.

von Goethe, J. W. 1954: Schriften zur Kunst. Gedenkausgabe der Werke, Briefe und Gespräche. Band 13. Artemis. Zürich u. a.

von Goethe, J. W. 1960: Berliner Ausgabe. Poetische Werke. Band 1. Aufbau. Berlin.

Gustav Reingrabner

Theologie und Ethologie –
Persönliche Bemerkungen zu ihrem Verhältnis

1 Vorbemerkungen

Seit den Aussagen von Charles Darwin über „die Entstehung der Arten"
sind die sich daraus entwickelnden Betrachtungsweisen und Wissenschaften immer wieder ins Feuer der Kritik – vor allem der (christlichen) Reli-
gionen – geraten. Ihr Hauptargument bestand darin, dass durch die Evolution die einmalige Stellung des Menschen, wie sie in den „Urkunden" der
Religion dargestellt sei, und das damit für ihn gegebene besondere Verhältnis zu Gott als dem Schöpfer von Himmel und Erde geleugnet oder
sogar zur Gänze zerstört werde. Inhalt und Tenor dieser Kritik waren unterschiedlich. Als Gegenposition zur Evolutionstheorie entstand eine als
Kreationismus bezeichnete Lehre, die unter Hinweis auf angebliche oder
wirkliche Widersprüche und Lücken in den seit Darwin ja in vielfacher
Hinsicht weiter entwickelten Meinungen der Evolutionstheorie versucht,
einzelne Aussagen der Bibel, wie etwa die sogenannten „Schöpfungsberichte" (1. Mose 1, 1–2, 4; 1. Mose 2, 4b – 3, 24), als Gerüst und Grundlage von exakten Aussagen über die Entstehung der Erde und des Lebens auf
ihr, einschließlich des Menschen zu deuten. Aber nicht nur von unmittelbar kirchlicher Seite, sondern auch von Seiten verschiedener philosophi-
scher Strömungen, zu denen auch bestimmte Formen der Naturphilosophie
gehören, kommen ständig neue Argumente gegen die Evolutionstheorie.
Sie schließen – folgerichtig – auch jene Wissenschaften ein, die sich erst
später aus ihr beziehungsweise in Verbindung mit ihr entwickelt haben. Zu
ihnen gehört sowohl die Vergleichende Verhaltensforschung (Ethologie),
die in Österreich vor allem durch Konrad Lorenz entwickelt und bekannt
gemacht wurde, wie auch die als eine besondere Richtung derselben von
Otto Koenig entwickelte Kulturethologie, die er selbst schon 1975 folgendermaßen zu definieren suchte: „Kulturethologie ist eine spezielle Arbeitsrichtung der allgemeinen Vergleichenden Verhaltensforschung (Ethologie), die sich mit den ideellen und materiellen Produkten (Kultur) des
Menschen, deren Entwicklung, ökologischer Bedingtheit und ihrer Abhängigkeit von angeborenen Verhaltensweisen, sowie mit entsprechenden

Erscheinungen bei Tieren vergleichend befasst" (zitiert nach Toepfer, 2011, Bd. 2, 362).

Nun waren und sind die durch Otto Koenig (und andere) gegründeten Matreier Gespräche über den Tod ihres Initiators hinaus von durchaus erheblicher Bedeutung für die Ausprägung sowie für die methodische wie inhaltliche Fixierung der Kulturethologie. Ich wurde erstmals im Jahre 1990 durch Otto Koenig zu diesen Gesprächen eingeladen und habe seit damals mehr oder weniger regelmäßig an diesen Gesprächen teilgenommen. Dabei habe ich auch eine Anzahl von Beiträgen geleistet, die freilich keineswegs in einem engen Sinne durch die kulturethologische Methodik bestimmt waren. Wegen dieser Beteiligung tauchte dann aber doch immer wieder die Frage auf, wie ich denn das als (evangelischer) Theologe, der noch dazu im Ordinationsgelöbnis die Bezeugung der in Bibel und Bekenntnisschriften enthaltenen Glaubenslehren feierlich versprochen hat, miteinander in Beziehung bringen könne, ohne nach der einen oder anderen Seite hin unglaubwürdig zu sein.

Wenn ich in der hier folgenden Besinnung diese Frage zu beantworten versuche, dann soll das keineswegs in Form einer grundsätzlichen Untersuchung geschehen, auch wenn natürlich prinzipielle Einsichten darin enthalten sind, sondern in Form der Darlegung der persönlichen Voraussetzungen und Gründe, aus denen dies mir als nicht nur möglich, sondern auch als bedeutsam für meine gesamte wissenschaftliche Arbeit wie für mein religiöses Bekenntnis erscheint. Gewiss gibt es genügend Möglichkeiten, die beiden Wissenschaften grundsätzlich miteinander darzustellen, doch ist das schon deshalb nicht unbedingt empfehlenswert, weil methodisch wie auch inhaltlich Theologie wie Ethologie in sich sehr differenziert sind und man daher in der Kürze des hier zur Verfügung stehenden Raumes über einige phänomenologische Beobachtungen wohl nicht hinauskommen wird. Hier soll es aber auch nicht um Verteidigung gehen und – trotz der Betonung der Tatsache, dass sich Theologie und Ethologie in verschiedenen Bereichen menschlichen Denkens, Meinens und Forschens befinden – auch nicht um eine Zuweisung des einen wie des anderen in abgegrenzte „Provinzen", sondern um das Aufzeigen verschiedener systemimmanter Gegebenheiten, auf Grund derer ich meinte (und noch immer meine), sowohl das eine wie das andere mit Überzeugung und wissenschaftlicher Sorgfalt betreiben zu können. Dabei kann ich immerhin auch auf etliche Versuche von anerkannten Theologen hinweisen, die einen solchen Brückenbau bereits versucht haben.

2 Persönliche Erfahrungen

Es waren zunächst einmal persönliche Erlebnisse und Erkenntnisse, die bei mir zur Annahme führten, dass die zwischen Wissenschaften und Überzeugungen bestehenden, angeblich unüberwindlichen „Fundamentaldifferenzen" in nicht wenigen Fällen eher sekundär aufgebaut worden und dadurch die angeblich so zwingend gegebenen Grenzen und Gegensätzlichkeiten entstanden waren. Das geschah möglicherweise nicht zuletzt deshalb, um die Position und Geltung der einen oder auch einer anderen Ansicht in besonders nachdrücklicher und eindrucksvoller, weil angeblich nicht widerlegbarer Hinsicht unter Beweis zu stellen und gegen jede Kritik abzusichern. Wesentliche Eindrücke prägten zunächst mein theologisches Weltbild. Es war der kluge und kritische Religionslehrer am Gymnasium, der darauf aufmerksam machte, dass die beiden eben erwähnten sogenannten Schöpfungsberichte in der Bibel keineswegs als Berichte (Beschreibungen) über den Vorgang der Entstehung von Himmel, Erde und Mensch anzusehen sind, sondern als Glaubenszeugnisse, in denen, mit unterschiedlichem Material aus damals bekannten Beobachtungen und Überlegungen über die Erde und den Menschen, ein Zeugnis für die feste Zuversicht abgegeben wurde, dass Gott, der als der Herr der Geschichte des Volkes geglaubt wurde, auch der Herr und Initiator der Welt sei. Damit war für mich sowohl die Notwendigkeit weggefallen, die in 1. Mose 1 enthaltene Systematik des Werdens der einzelnen Bereiche und Formen des Lebens auf der Erde und ihrer Lebewesen irgendwie absolut zu setzen, noch auch das darin zum Ausdruck kommende sogenannte dreistöckige Weltbild (das von der Antike bis ins späte Mittelalter allgemein angenommen wurde) als für den Glaubenden notwendig und unaufgebbar anzusehen. Diese Einsicht wurde später verstärkt und erweitert, als ich bei einem ersten Besuch in Israel (knapp nach dem Sechs-Tage-Krieg) in Erfahrung brachte, dass das Alte Testament große Teile des alten lokalen oder regionalen Sagenguts enthalte, in die freilich jeweils eine mehr oder weniger direkte Reflexion auf die Mensch-Gott-Beziehung einbezogen wurde, was etwa bei den Wiener oder niederösterreichischen Sagen (die zudem erheblich später entstanden sind) nicht in dieser Weise der Fall war. Das hatte für mich zur Folge, dass ich die immer wieder eifrig betriebene Suche nach der Arche

Noah auf dem Berge Ararat lediglich als unsinnig verstehen konnte. Und die nächste Erweiterung dieser Eindrücke und Überlegungen ergab sich aus der Kombination der in der ernsthaft betriebenen biblischen Exegese weithin unumstrittenen formgeschichtlichen Methode, die nach dem „Sitz im Leben" der einzelnen biblischen Abschnitte fragt, mit Einsichten über die Beweggründe des Handeln des hebräischen Menschen. Es war Ludwig Köhlers Buch „Der hebräische Mensch" (1953), in dem anschaulich gezeigt wurde, dass (übrigens bei so gut wie allen „Semiten") grundsätzliche Aussagen nicht in Form von verallgemeinerten und abstrakt formulierten Thesen, sondern in Form von Geschichten und Erzählungen vorgetragen werden, die auf so etwas wie eine grundlegende Aussage hinsteuern, ohne dass jede ihrer Einzelheiten schon bedeutungsschwer, generell gültig und interpretationsfähig in Richtung auf eine allgemeine Aussage ist. Die Produkte dieses Denkens, die sich zum Teil auch im Neuen Testament finden, wurden dann – schon in der hellenistischen Zeit, erst recht aber dann unter den christlichen Theologen des späteren 2. bis 4. Jahrhunderts – mit grundlegenden Denkformen des griechischen wie des römischen Denkens in Beziehung gesetzt beziehungsweise von diesen aus gedeutet und verstanden. Damit wurde aus einer Art Beispielgeschichte eine gewissermaßen ontologische Aussage. Als eines der vielen in diesem Zusammenhang zu nennenden Beispiele sei auf die in der Septuaginta enthaltene Übersetzung des hebräischen *almah*, das in Jesaia 7, 14 lediglich eine junge Frau meint, mit „Jungfrau" hingewiesen, was dann in Verbindung mit dem griechischen, gewissermaßen biologisch orientierten Denken die Basis für die in Matthäus 1, 23 begründete und von der altchristlichen Theologie umfassend ausgebaute Lehre von der Jungfrauengeburt Jesu bildete.

Diese Eindrücke bewahrten mich davor, in traditionelle Fallgruben theologischen Denkens zu stolpern. Das, was man zum Erweis der Bedeutung der Bibel gemeint hat annehmen zu müssen und was dann im Mittelalter wie in der protestantischen Orthodoxie zur Lehre von der Verbalinspiration ausgeformt wurde, wonach Gott selbst, und zwar mehr oder weniger direkt, die Worte der heiligen Bücher den Verfassern, die eigentlich nur Schreiber waren, diktiert habe, war eine dieser Fallen, die ich umgehen konnte, ohne die Autorität der Heiligen Schrift aufgeben zu müssen. Und die unmittelbare Beziehung einzelner Geschehnisse auf ein sofort und eindeutig erkennbares Eingreifen Gottes, wie das heute noch da und dort in ungebrochener Weise anzutreffen ist, gehört für mich ebenfalls zu den

Kurzschlüssen, deren „Richtigkeit" jeweils nur in der eigenen Überzeugung, nicht aber im existentiell notwendigen Glaubensgut liegt. Das bedeutet natürlich nicht, dass ich nicht überzeugt wäre, dass mein Leben in der Hand Gottes liegt und unter dessen Gnade verläuft, aber ich sehe es annähernd so, wie es Moses widerfuhr, der Gottes Angesicht sehen wollte, aber doch nur hinterher den Herrn sehen konnte (2. Mose 33, 19–23; ähnlich wurde es auch für den Propheten Elia in 1. Könige 19, 23 erzählt).

Wenn in der traditionellen Geschichtswissenschaft – gerade in der Zeit nach den Perversionen des Dritten Reiches, in der ich dann studierte – vor allem die Absicht bestand, bloß zu sagen, wie es eigentlich gewesen ist, was Leopold von Ranke in der ersten Hälfte des 19. Jahrhunderts in dieser Weise formuliert hat, so ergab sich für mich dann doch die Notwendigkeit, vor allem herauszufinden, wie „es" geworden ist. Man hat das zwar als „historische Sozialkunde" kritisch abwerten wollen, es ist aber meines Erachtens doch methodisch wie tatsächlich eine ganz enorme Aufgabe der Geschichtsforschung, Entwicklungen aufzuzeigen, die man zwar – auch in Anbetracht der Kürze der historisch erfassbaren begrenzten Zeiträume – nicht wirklich unter dem Begriff von Evolution abzuhandeln vermag, bei denen es sich aber doch um ein einigermaßen analoges Geschehen handelt. Durch diese Überlegungen war für mich die Vorstellung von der biologischen Evolution durchaus akzeptabel, wenngleich mir die Bindung an Gesetzmäßigkeiten, die in der Geschichtswissenschaft auch gelegentlich versucht wurde (vgl. Toynbee, 1949 und 1958), angesichts der Multikausalitäten und der begrenzten Einsichtsmöglichkeiten eher fragwürdig erschien.

3 Skepsis gegenüber der Wissenschaft

Denn auf der anderen Seite hatte mein Gymnasiallehrer in Philosophie, der dem sogenannten Wiener Kreis angehörte und sogar an der Abfassung eines Lehrbuches für den Unterricht an Höheren Schulen beteiligt war, aus seiner Skepsis gegenüber allen Versuchen, aus wissenschaftlichen Erkenntnissen eine weltanschauungsähnliche Sache zu machen, in mir so etwas wie den Samen zur Bereitschaft gelegt, Wissenschaftskritik zu üben. Und bei näherer Betrachtung zeigte sich mir dann an allen Enden, dass gerade in den Naturwissenschaften aus einzelnen Beobachtungen unter Hinzufügung einer – meist auch noch verengend monokausal orientierten – Begründung Theorien entwickelt wurden, die man dann unter dem Titel

„Gesetz" oder „Naturgesetz" meinte fixieren zu können. Solche verallgemeinernden Schlussfolgerungen können durchaus hilfreich sein, wenn es darum geht, bestimmte Probleme zu lösen oder Vorgänge zu erfassen; fast immer stellt sich jedoch später heraus, dass sie nur für einen bestimmten Ausschnitt der einschlägigen Phänomene wirklich erhellend sind. Und erklärend sind sie in Wirklichkeit noch viel seltener.

Schließlich ist mir – gerade im Rahmen der Beschäftigung mit den Fragen der sogenannten natürlichen Evolution – einsichtig geworden, dass Natur eine kulturelle Konstruktion ist, also eine, in der sich die Wahrnehmungsweise des/der Menschen in ihren kulturellen Aktivitäten als definierend erweist. Heute ist es etwa modern geworden, Natur und Umwelt als ident zu setzen, was meines Erachtens absolut nicht richtig sein kann. Je mehr das aber geschieht, desto willkürlicher wird dann das, was man meint, als Natur ansehen zu können. Das hat jetzt gar nichts damit zu tun, dass man in Mitteleuropa – mindestens in allen Regionen, die weniger als etwa 2800 Meter über dem Meeresspiegel liegen – keine vom Menschen nicht beeinflusste oder gar gestaltete „Natur" mehr findet, sondern vor allem und grundsätzlich damit, dass die (Um-)Welt nur für jenen „Natur" sein kann, der ihr nicht uneingeschränkt angehört. Nun behauptet aber gerade die moderne Naturwissenschaft, dass der Mensch eben ausschließlich und ganz Teil der Welt ist, was allerdings bedeutet, dass er durch diese Zugehörigkeit die Welt konstituiert, und zwar in Beziehung zu ihren Lebewesen und als deren Lebensbereich. Was das an Fragen aufwirft, kann hier nur angedeutet werden. Immerhin sollen diese knappen Hinweise zeigen, wie sehr alle Reflexionen über Natur, ihre – angeblichen oder wirklichen – Gesetze und ihre Entwicklung die Dimension ihrer Qualifizierung von der Kultur (und damit wenigstens partiell auch von der Religion) durch den jeweils diese Taxierungen vornehmenden Menschen inhaltlich wie qualitativ bestimmt werden. Es ist also an dieser Stelle gegenüber naturwissenschaftlichen Vorstellungen mindestens ebenso sehr ein Fragezeichen zu setzen wie bei allen religiösen Grundlegungen.

Wieder half mir bei der Überlegung dieser Probleme die Beschäftigung mit der Geschichte. Da wurde mir rasch klar, dass die sogenannten Quellen, die, ausgiebig zitiert, angeblich immer noch so etwas wie eine Darstellung des „Weltbildes des Mittelalters" ermöglichen, in der Regel nicht nur die subjektive Ansicht des/der Verfassenden zeigen, sondern auch in bestimmter Absicht abgefasst worden sind, wobei sie die tatsächlichen Vorgänge unter Umständen auch weitgehend verfälschen, weil sie Absichten oder spätere Erkenntnisse in die Darstellung der Vergangenheit eintragen. Wissenschaft wurde mir also mehr und mehr zum Ort, an dem Einsichten und Erkenntnisse wesentlich zur Entwicklung der Menschheit beitragen, wobei sich der Ort aber selbst stets weiter verändert. Und wissenschaftsgläubig wurde ich überhaupt nicht. Das befreite mich von einer Hörigkeit gegenüber Theorien, deren Wert ich zwar anerkenne und auch nütze, deren Begrenztheit und Vorläufigkeit mir aber ebenfalls bewusst sind.

4 Wissen und Glauben

Was aber will Glaube und Bekenntnis, was wollen Wissenschaft und Technik im Blick auf eine Erklärung der Welt? Es hat sich für mich immer wieder als notwendig erwiesen, diese grundlegende Frage neuerlich zu stellen und zu versuchen, sie subjektiv und in skizzenhafter Weise zu beantworten. Das zu erkennen und erst recht mögliche Antworten zu finden, hat mich eine ganze Zeit meines Lebens beschäftigt. Dabei erwies sich die Auseinandersetzung mit den verschiedenen Aussagen der Evolutionsforschung beziehungsweise der Ethologie immer wieder als hilfreich, und zwar auch bei der Überwindung sogenannter toter Punkte, an denen ich in meinen Überlegungen angelangt war. Denn in allen von der sogenannten Natur aus bestimmten Wissenschaften ging es ja letztlich stets um den Menschen – ebenso aber auch in Kirche und Theologie. So war er gewissermaßen das Gemeinsame. Hingegen war das, was man da und dort meinte, zu ihm beziehungsweise über ihn feststellen zu können, so verschieden wie nur denkbar. Um diesen Widerspruch für mich aufzuklären, fragte ich nicht nur nach Grundlagen und Methoden beider Absichten und Bereiche menschlichen Denkens und Bemühens, sondern auch nach den Methoden, derer sie sich (vorzugsweise) bedienten. Man meinte zwar, dass Wissenschaften erforschen und darstellen wollten, wie sich das Leben und seine Formen gebildet und entwickelt haben, während die Religion darauf aus sei, die hinter den Erscheinungen und Vorgängen wirkenden Voraussetzungen, damit aber meist auch einen Initiator und Herrn zu verkündigen. Tatsächlich aber haben beide Richtungen jeweils die von ihnen selbst gezogenen Grenzen immer wieder in erheblichem Maße überschritten. Die Religion meinte erklären zu müssen, wie die Dinge bei ihrer Entstehung vor sich gegangen seien, wandelte dabei bildhafte Aussagen und analoge Vorstellungen in Fakten um und stellte die Ablehnung solcher angeblich glaubensgemäßer Konstrukte unter die Androhung von „göttlichen" Strafen. Die Wissenschaften kamen hingegen immer wieder dazu, dem nachzuspüren und als Theorie auszuführen, was angeblich oder wirklich hinter den erkennbaren Vorgängen lag und liegt, waren aber ebenfalls geneigt, diese Meinungen als – mindestens für den intelligenten Menschen – verpflichtend zu erklären, wobei sie nicht merkten (und es dann und wann immer noch nicht wirklich tun), dass sie ihre entsprechenden Aussagen immer wieder korrigieren oder auch völlig umstoßen mussten und müssen. Damit kommen sich beide Richtungen (oder sind es doch Überzeugungen?) nicht selten in die Quere und beschuldigen dann vor allem die jeweils andere Seite, sie habe die zulässigen Grenzen überschritten.

Dabei müsste es doch einsichtig sein, dass man bei der Betrachtung und Interpretation von Vorgängen, von sichtbaren Gegebenheiten und von deren Deutung sehr sorgsam und genau zu differenzieren hat. Das soll an einem – in dem hier überlegten Zusammenhang durchaus sinnvollen – Beispiel aufgezeigt werden. Wenn Otto Koenig in seiner Definition der Kulturethologe davon spricht, dass sich dieser Teil der allgemeinen Verhaltensforschung mit den „Produkten der Kultur des Menschen [...] sowie mit entsprechenden Erscheinungen bei Tieren vergleichend befasst", dann wird hier ein Inhalt angegeben, der bei den tatsächlichen wissenschaftlichen Bemühungen zur Realisierung der Absicht doch noch einigermaßen ausführlich definiert werden müsste. Insbesondere gilt dabei Folgendes:

a) Die Einführung eines umfassenden Kulturbegriffes für den Menschen, der alle seine ideellen und materiellen Produkte, deren Entwicklung, ihre ideologische Bedingtheit und ihre Abhängigkeit von angeborenen Verhaltensweisen umfasst, ist natürlich richtig und sachgemäß, hat aber an der Stelle, wo von den angeborenen Verhaltensweisen gesprochen wird, eine ausgesprochen weiche Stelle. Wird da nicht etwas, das eigentlich erst als Ergebnis erwartet werden kann, schon in sehr unbefangener Weise als Motiv vorweg genommen?

b) Welche Erscheinungen der Kultur gibt es überhaupt bei Tieren? Ist der Gebrauch eines Stückes Holz als Hebel schon als ein Produkt solcher Kultur anzusehen? Ist also schon die sinnvolle Verwendung eines vorgegebenen Hilfsmittels oder ist erst die eigene gezielte Gestaltung des Werkzeuges als solche anzusehen?

c) Was beinhaltet der in der Definition verwendete Begriff „vergleichen"? Geht es da um äußere Ähnlichkeiten der Herstellung und Verwendung oder aber um die Bedeutung der Instrumente und ihres Gebrauchs für das Leben? Handelt es sich um Analogien oder um Homologien? Aus manchen ungeschützten Aussagen der Kulturethologie, die denn auch Einiges an Kritik hervorgerufen haben, kann ersehen werden, dass diese Differenzierungen nicht immer sorgsam genug erfolgt sind.

Ähnliches, und zwar noch in einem erheblich umfassenderen Sinne, kann (oder muss) von der kirchlichen Verkündigung gesagt werden. Im alten Konfirmandenbuch der burgenländischen evangelischen Gemeinden (Dörnhöfer 1964) stand eine Frage nach den „Eigenschaften" Gottes. Die summarischen Antworten dazu lauteten: Gott ist allmächtig, allwissend, gut usw. Das bedeutete allerdings letztlich doch, dass an diesen Stellen eindeutig systemüberschreitende Aussagen gemacht wurden, die in der gegenwärtigen Welt nicht (jedenfalls nicht mehr) legitim gedacht werden dürfen. Man kann vielleicht (als Christ würde ich sagen: hoffentlich) erkennen, das sich Gott da oder dort als gütig (barmherzig) erwiesen oder gezeigt hat, wobei auch da noch gewisse Einschränkungen, und zwar nach den Aussagen der Bibel selbst, notwendig sind. Man vermag aber keineswegs daraus die Berechtigung abzuleiten, zu sagen, wie Gott in seinem Sein und seinem Wesen ist. Wenn man dennoch derartige Aussagen macht (und sie sogar von Konfirmanden lernen lässt), verführt die Theologie eindeutig zur Überschreitung von Grenzen und zu Postulaten, die ohne jede erkenntnistheoretische Deckung sind.

Neben diesen inhaltlichen Grenzüberschreitungen sind es auch die methodischen Aufblähungen, die im Blick auf wissenschaftliche wie auch auf kirchliche Aussagen nicht selten festgestellt werden müssen. Dazu gehört auch die in den Naturwissenschaften übliche, nunmehr aber auch von verschiedenen Geisteswissenschaften übernommene Vorgangsweise, Vorgänge oder Gegebenheiten monokausal, also aus einer einzigen Ursache herzuleiten. Ist der Mensch ein derart simples Wesen, dass man das so einfach kann? Wie sehr reduziert oder simplifiziert man dabei seine Persönlichkeit, aber auch die Komplexität des Werdens des heutigen *homo sapiens*? Bei physikalischen Experimenten und Untersuchungen kann es schon sein (weil die Mechanik eine unmittelbar auf einem direkten Kausalverhalten aufbauende Wissenschaft ist), dass ein einziges Merkmal für eine ganze Entwicklung verantwortlich ist. Die Voraussetzungen für die Entwicklung des *homo* sind jedoch so vielfältig und letztlich nur zu einem gewissen Teil überschaubar, dass man das, was in den Wissenschaften dann als Kriterium für die Entwicklung anerkannt wurde, eben nur unvollständig definieren und schon gar nicht als allein wirkungsmächtig beziehungsweise wirksam festlegen wird können. Zu der gegenwärtig weit verbreiteten Sucht nach monokausalen Erklärungen kommt dann noch die Tendenz, in generalisierender Weise „Gesetzmäßigkeiten" festzulegen. Diesbezüglich hat jedoch bereits die klassische Logik gezeigt, dass derlei Festlegungen nur bis zum Erweis des Gegenteils, das Ganze oder Teile betreffend, gelten können, dass also von einer wirklichen Gesetzmäßigkeit nicht die Rede sein kann.

Die Kirchen neigen aber ebenfalls dazu, auf dem Wege über umfassende und möglichst prinzipielle Begründungen unterschiedlicher Aussagen, bestimmte Beobachtungen unter die Autorität Gottes zu stellen und dann als „vom Herrn Christus selbst gegeben" zu deklarieren, wobei es sich eher um die Fixierung und Legitimierung bestimmter zeitgemäßer Sitten handeln mag. Die Aussage in 1. Korinther 14, 34, das sogenannte Schweigegebot für Frauen in der (gottesdienstlichen) Versammlung, gehört hier dazu. Weil damals eine anständige Frau in einer öffentlichen Versammlung nicht das Wort ergreifen konnte, ohne dass sie an ihrer Reputation Schaden oder Einbußen erlitt, soll heute die öffentliche Verkündigung von Frauen in der Kirche durch ein gleichsam göttliches Gebot verboten sein?

5 Naturwissenschaftliche und theologische Denkformen: Postulat der gegenseitigen Offenheit

Nun kann oder muss man aber doch sagen, dass sich – angeblich oder tatsächlich – manche Aussagen des Glaubens mit Erkenntnissen der Wissenschaften nicht decken. Zu solchen Aussagen gehört etwa die in Erzählungen des Neuen Testaments begründete Überzeugung von der Auferstehung Jesu. Eine Generation von Theologen hat im ganzen 20. Jahrhundert an Möglichkeiten gearbeitet, einen nicht mythologischen Zugang zu diesem Phänomen zu finden, hat sich dabei aber zum Teil in etwas voreiliger Weise an eine bestimmte Philosophie (Martin Heidegger) angeschlossen, was diese Versuche nicht unbedingt richtiger machte. Trotz aller dieser Bemühungen wird es wohl keine Erklärungen irgendwelcher Wissenschaft dazu geben. Das muss aber nicht verwundern, weil das, was damit zu beschreiben versucht wurde (und wird), über diese Welt hinausragt. Ob es eine andere, neue Welt gibt oder geben wird, ist jedoch nicht Sache der Wissenschaft, sondern Inhalt des Glaubens.

Wenn der Hamburger Physiker Pascual Jordan vor etwa sechzig Jahren meinte, dass er in der Darstellung der Entstehung der Welt an einer Stelle einen Platz gefunden habe, wo das Handeln Gottes eindeutig nachweisbar sei, dann sollte darin ein persönliches und durchaus ehrenwertes Bekenntnis dieses Forschers, nicht aber ein Beweis (oder auch nur Hinweis) für die Existenz und weltschöpferische Tätigkeit Gottes gesehen werden.

Die trinitarischen und christologischen Dogmen des 4. und 5. Jahrhunderts sind im Rahmen der damaligen philosophischen Überlegungen und den daraus gewonnenen Vorstellungen über Sein und Wesen, Raum und Zeit formuliert worden, was schon damals gedankliche Schwierigkeiten genug bereitete (dazu lese man etwa die Formeln des sogenannten Athanasianischen Glaubensbekenntnisses nach). Diese philosophischen Grundlagen sind inzwischen weitgehend weggebrochen und in ihren physischen wie metaphysischen Aussagen kaum mehr haltbar. Das kann nicht ohne Folgen für die Vorstellungen sein, welche die Existenz eines außerhalb der erforschbaren Dimensionen handelnden Herrn der Welt betreffen. Dabei ist das seinerzeitige Problem der *unitas in trinitatem* respektive der *trinitas in unitatem* heute nur eines von mehreren Problemen der Trinitätslehre, die ja die Christologie mit ihrer Zwei-Naturen-Christi-Lehre einschließt, die philosophisch – und damit letztlich auch dogmatisch – nicht zu lösen sind. In diesem Überblick sollte dazu aber doch der knappe Hinweis genügen, dass man im Bekenntnis davon ausgeht, dass sich Gott in unterschiedlicher Weise offenbart, ohne dadurch seine Ganzheit und Einheit zu verlieren.

Man hat auch in den biblischen Zeiten das Handeln irdischer Herren und Könige vor allem als Gerichtshandeln, und zwar sowohl als Straf- wie als Schiedsgericht aufgefasst – die Trennung zwischen Verwaltung und Gerichtswesen erfolgte in Österreich endgültig überhaupt erst im Jahre 1868. In Entsprechung dazu wurde auch Gottes Handeln am Menschen mit diesem Bild zu beschreiben versucht, wobei zunächst das annehmende und das ablehnende, also das verurteilende und das freisprechende Handeln in gleicher Gewichtung geschildert wurde. Noch in der romanischen Kunst wurde Christus als Weltenrichter, von dessen Lippen ein Schwert und eine Lilie ausgehen, im Bilde einer solchen Gleichzeitigkeit und Parität dargestellt. Dann setzte sich aber doch vorrangig die Vorstellung durch, dass Jesus, der als Gottes Sohn geglaubt wird, den Sühnetod für die Vergehen der Menschen sterben musste und dadurch die Trennung zwischen dem (sündigen) Menschen und Gott durchbrochen habe. Man hat dann in der

Morallehre noch allerlei Hürden für eine wirkliche Gerechtmachung eingebaut, die das Bild vom Gericht eindeutig in Richtung auf die zu erwartende Wirklichkeit einer Bestrafung verschoben haben. Da half es dann auch nicht, dass etwa Martin Luther in seiner Zusammenfassung der Gebote im Kleinen Katechismus von 1529 nicht nur 2. Mose 20, 5b–6 zitiert, sondern auch als Erklärung hinzugefügt hat: „Gott drohet zu strafen alle, die diese Gebote übertreten, darum sollen wir uns fürchten vor seinem Zorn und nicht wider solche Gebote tun. Er verheißet aber Gnade und alles Gute allen, die solche Gebote halten, darum sollen wir ihn auch lieben und vertrauen und gerne tun nach seinen Geboten." Und alle die entsprechenden Ausführungen wurden als Gesetzestexte mit taxativem Inhalt verstanden, dabei aber ihr eigentlich und vorrangig metaphorisch-analoger Charakter missverstanden. Man wird heute also eher Gottes Willen als Schranke zur Bewahrung von Leben, Würde des Menschen, Erhaltung des Friedens und Bewahrung der Schöpfung verstehen müssen, ohne dass man sich dabei gleich in jeder Einzelheit auf einen solchen Willen als auf ein gesatztes (und dann auch noch kasuistisch ausgelegtes) Gesetz berufen darf.

In 1. Mose 1 wird erzählt, dass Gott den Menschen ihm zum Bilde schuf. Das wurde durch lange Zeit als eine Homologie verstanden – die bildlichen Darstellungen Gottes zeigen das bis in die Barockzeit, und zwar von großartig (wie in Michelangelos Fresken in der Sixtinischen Kapelle im Vatikan) bis zu bloß lieblich oder gar unbeholfen (auf unzähligen barocken Deckengemälden und Altarbildern). Bloß wird auch im Alten Testament eindeutig davon geredet, dass Gottes Antlitz von Menschen in dieser Welt nicht geschaut werden kann. Daher kann es sich in 1. Mose 1, 27 nur um eine analoge Aussage handeln, was schon dadurch nahe gelegt wird, dass eben da von Mann und Frau die Rede ist. Das also lediglich als Analogie zu begreifende Bild von der Ebenbildlichkeit dürfte so zu verstehen sein, dass der Mensch innerhalb von Grenzen, die er selbst nicht zur Gänze begreift, Entscheidungen zu treffen vermag und Vorstellungen von Sinn und Aufgabe des Lebens ausbilden kann, auch wenn er diese Ziele selbst immer wieder verfehlt. Der Auftrag an ihn ging dahin, die Erde zu bebauen und zu pflegen. Heute entdeckt man endlich, wie sehr die Menschheit in ihrem Bemühen, sich die Erde auf diese Weise untertan zu machen, dagegen verstoßen hat – und dies immer noch tut, und zwar schon deshalb, damit sie leben kann.

Nun ist es vermutlich doch noch dringend geboten, über die Möglichkeit Aussagen zu machen, wie man in der gegenwärtigen Theologie versucht, sich die Erschaffung der Welt durch Gott zu erklären. Wenn das nur in wenigen Sätzen und eher in apodiktischer Form geschieht, dann deshalb, weil es sich dabei um ein überaus umfangreiches und letztlich in jeder Hinsicht schwieriges Angehen handelt. Mit der Schöpfung wird nach einem Geschehen gefragt, das alle irdische Geschichte ermöglicht: Welche Bedingungen müssen erfüllt sein, damit Leben und Werden gelingt? Dabei unterscheidet sich die Vorgangsweise zwischen dem gegenwärtigen Denken und der biblischen Vorstellung grundlegend. In letzterer kann es nur darum gehen, den dem Glaubenden schon bekannten Gott in dieser Welt wieder zu erkennen. Dort geht es hingegen um Versuche, von der Welt auf Gott zurückzufragen. Das erscheint jedoch nach biblischen Vorstellungen als in keiner Weise möglich oder vollziehbar. Daraus könnten aber auch keine wissenschaftlichen Ergebnisse gewonnen werden. In einer echten Theologie kann man sich nicht dem Leitfaden der Natur anvertrauen, sondern hat nach einem Maßstab zu fragen, um das Sein der Welt und des Menschen in ihr von Gott her verständlich zu machen. Bei einer solchen Antwort ist der Rückgriff auf die Vorstellung eines Bundes zwischen Mensch und Gott unverzichtbar. Das Werk der Schöpfung wird dabei als planende Entfaltung der Analogie zwischen göttlichem Urbild und kreatürlichem Ablauf interpretiert. Im Zusammenhang mit diesem Verständnis ist die Absicht und das Ziel der Schöpfung zu sehen, die in der Erwählung liegt – etwas, was meines Erachtens naturwissenschaftlich oder philosophisch überhaupt nicht darstellbar, vielleicht sogar nicht einmal vorstellbar ist. So bleibt es bei unterschiedlichen Zielsetzungen in den Argumentationsweisen, wobei es doch um eine Sache geht. Angesichts der sich darauffolgend ergebenden erheblichen Weiterungen des Problemfeldes ist es jetzt an der Zeit, diese Überlegungen abzubrechen, dafür aber abschließend noch ein anderes Problem zu berühren.

6 Auf dem Weg zu einer neuen Ethik?

Die letzten sechzig Jahre haben in vielen Bereichen des Lebens zu einem weitgehenden Abbau der von älterer christlicher Moral geprägten Verhaltensweisen geführt. Gegen 1950 konnte man in einem Vortrag in der damaligen Wiener Katholischen Akademie noch relativ leicht das „Unchristliche im österreichischen Recht" aufsuchen und zusammenfassen – heute wäre es wohl leichter, wenn man die Reste des sogenannten Christlichen im geltenden Rechtssystem heraussuchte. Und die Moralvorstellungen sind von ganz simplen bis zu grundlegenden Überzeugungen eingebrochen. War das nun eine totale Niederlage für den christlichen Glauben? Es mag vielleicht so etwas wie eine nachhaltige Niederlage für die Kirchen sein, traf aber doch nur zum Teil den Kern christlicher Ethik. Dabei ist allerdings durchaus das staatliche Verhalten als eine der Ursachen anzusehen. Es scheint, also ob des Aurelius Augustinus Vorstellungen von den Staaten als *magna latrocinia* in den letzten Jahrzehnten in neuer Weise Realität geworden sind. Aber vieles, was sich in der kirchlichen Tugendlehre als Mischung aus oberflächlicher Moral und abgeleiteten Vorschriften zusammengesetzt hat und zum Gängelband für Menschen oder einzelne Gruppen unter ihnen geworden war, ist dahin gegangen – vielleicht macht es demnächst doch Platz für eine wirklich christliche Ethik. Ansätze dazu sind da und warten auf weitere Ausführungen und Anwendung. Sachlichkeit, Verantwortung, Rücksicht auf das Recht des anderen, Bewahrung der Erde und des Lebens auf ihr – das könnten die Ansätze für eine neue Ethik sein. Ob sie freilich in den Kirchen selbst eine neue positive Ausstrahlung entfalten könnte, lässt sich bisher noch kaum annehmen. Das hat seine Ursache vermutlich darin, dass es dann, wenn man beginnt, diese Grundsätze auf praktische Fragen und Verhaltensweisen anzuwenden, kompliziert und schwierig wird, wobei die Qualifizierung von Handeln unter Ansehen der grundlegenden Elemente *vitae hominis*, in der sich ja die *conditio humana* widerspiegelt, immer wieder als Fallgrube oder Fallstrick auftauchen kann.

Diese knappe Problemanzeige sollte lediglich daran erinnern, dass es durchaus möglich ist, ohne „Opferung des Intellekts" (in gewissen Theologien sprach man immer wieder vom *sacrificium intellectus*, wobei man aber doch meist etwas eher Vordergründiges meinte) und in ehrlicher Überzeugung, wenngleich sicherlich nicht ohne Probleme und Schwierigkeiten, sowohl die Evolution und auch die vergleichende Verhaltensforschung – diese vielleicht nicht unbedingt in den eben aktuellen wissenschaftlichen Formen, sondern eher dort, wo sie ihre Blicke auf das Verhalten von Lebewesen als Ganzes richtet – wie auch die Aussagen von Bibel und Bekenntnis aufzunehmen und neben-, gelegentlich sogar miteinander als Überzeugung zu vertreten. Dabei ist natürlich festzustellen, dass derartige Probleme und Schwierigkeiten ja nicht erst bei den Bemühungen auftreten, beides aufeinander abzustimmen, sondern eindeutig bereits sowohl innerhalb der Theologie wie auch in den naturwissenschaftlichen Vorgangsweisen und Forschungen vorhanden sind. Dass sie nicht geringer werden, wenn man beides miteinander in Beziehung zu setzen oder miteinander zu vereinen sucht, ist sicher. Dass es dem Schreiber dieser Zeilen nicht immer gelingt, die Probleme auszuloten oder genau abzugrenzen, liegt vermutlich jedoch primär in seinem Denken und Verstehen. Aber er weiß durchaus um die ihm diesbezüglich gezogenen Grenzen.

7 Literatur[1]

7.1 Zitierte Literatur

Dörnhöfer, G. A. [2]1964: Sei getreu. Burgenländisches Konfirmandenbuch. Bearbeitet von V. V. P. Weiland et al. Wien.

Köhler, L. 1953: Der hebräische Mensch. Eine Skizze. Mohr. Tübingen.

Toepfer, G. 2011: Historisches Wörterbuch der Biologie. Geschichte und Theorie der biologischen Grundbegriffe. Band 1–3. Metzler. Stuttgart.

Toynbee, A. 1949, 1958: Der Gang der Weltgeschichte. 2 Bände. Europa-Verlag. Zürich.

7.2 Weitere Literatur

Broer, I., Weidemann, H.-U. [3]2010: Einleitung in das Neue Testament. Echter. Würzburg.

Kirchenamt der EKD [13]2010: Die Bekenntnisschriften der evangelisch-lutherischen Kirche, herausgegeben im Gedenkjahr der Augsburgischen Konfession 1930. Vandenhoeck & Ruprecht. Göttingen.

---

[1] Da es nicht möglich ist, diese persönlichen Ausführungen durchgehend mit entsprechenden Literaturverweisen zu begleiten, führe ich zu den Bereichen Naturwissenschaften und Theologie nur einige Werke an, die für mich besonders hilfreich waren. Die Bibelzitate können in jeder Bibelübersetzung (oder auch aus den Ausgaben der Urtexte) nachgewiesen werden. Ich selbst habe in der Regel aus der aktuellen Textgestalt der Bibel in Martin Luthers Übersetzung zitiert. Für die Angaben aus den Bekenntnisschriften der Evangelisch-lutherischen Kirche weise ich auf ihre unter diesem Titel erfolgte Göttinger Ausgabe hin.

Gertz, J. C. (Hg.) [3]2009: Grundinformation Altes Testament. Eine Einführung in Literatur, Religion und Geschichte des Alten Testaments. Vandenhoeck & Ruprecht. Göttingen.

Gingrich, A., Mader, E. 2002: Metamorphosen der Natur. Sozialanthropologische Untersuchungen zum Verhältnis von Weltbild und natürlicher Umwelt. Böhlau. Wien u. a.

Liedtke, M. (Hg.) 1994: Kulturethologie. Über die Grundlagen kultureller Entwicklungen. Dem Begründer der Kulturethologie Otto Koenig (1914–1992). Realis. München.

Link, C. 2012: Schöpfung. Ein theologischer Entwurf im Gegenüber von Naturwissenschaften und Ökologie. Neukirchener Verlagsgesellschaft. Neukirchen-Vluyn.

Alexander Gratzer

Lebensraum aus zweiter Hand
– Dialog zwischen Ökonomie und Ökologie

Es waren bewegte Zeiten, in denen ich Otto Koenig kennengelernt habe. Die Auseinandersetzungen um das Donaukraftwerk Hainburg waren voll im Gange. Befürworter und Gegner zeigten sich von der Richtigkeit ihrer Sicht so überzeugt, dass die angewandten Mittel oft den Zweck entheiligten. Otto Koenig, ein herausragendes Ziel für die Kraftwerksgegner, brauchte rechtliche Beratung und Unterstützung. Etliche Prozesssiege, sogar gegen die Kronenzeitung, waren vielleicht der Hintergrund für die, noch acht Jahre dauernde, enge Zusammenarbeit in der Geschäftsführung des Vereins für Ökologie und Umweltforschung (VÖU). Damals war der „Lebensraum aus zweiter Hand" zwar das Kernthema der Naturschützer auf beiden Seiten, aber der Dialog zwischen Ökonomie und Ökologie befand sich auf einem Tiefpunkt.

1 Inhalt

Beginnen wir mit ein paar Worten über Begriffe und die Umweltbewegung allgemein. Zum „Lebensraum aus zweiter Hand" gibt es noch Hinweise auf den Lebensraum aus erster oder dritter Hand. Ausgehend von Hainburg geht es dann um den VÖU, der die praktische Umsetzung des „Lebensraums aus zweiter Hand" darstellt.

2 Definitionen

Eine zugegebene Schwäche vieler Juristen ist die Definition von Dingen, über die man spricht.

Der altgriechische Untertitel „Dialog zwischen Ökonomie und Ökologie" klingt vertraut, weil bekannt ist, dass *oikos* „Haus", aber auch „Haushalt" heißt.

Dialego bedeutet auslesen, sprechen und ordnen.

Oikonomia ist die „Hausordnung", auch „Hausverwaltung"; heute „Wirtschaften", also mit knappen Gütern das beste Auslangen finden.

Oikologia ist der „vernünftige Haushalt"; heute versteht man unter Ökologie die gesamte Interaktion von Lebewesen mit ihrer Umwelt oder den Haushalt der Natur.

Oft als gleichbedeutend verwendet, gibt es doch Unterschiede zwischen Natur- und Umweltschutz.

„Naturschutz": örtlich, kritisiert bestimmte Nutzungen von Boden, Luft, Wasser;

„Umweltschutz": überregional, thematisiert Gefahren für Arten oder Ökosysteme (z. B. Kleinwasserkraftwerk: Öleinsparung oder Schutz des Feuersalamanders).

3 Umweltbewegung

Im 18. Jahrhundert hat es einen ungeheuren Aufschwung der Naturwissenschaften, aber auch der ökonomischen Wissenschaften gegeben. Der absolute, merkantilistische Territorialstaat geht daher auch mit der Natur planerisch um. Einziges Stichwort dazu: Nachhaltige Forstwirtschaft stammt von Hans Carl von Carlowitz aus dem Jahr 1713 – leider ist das Wort Nachhaltigkeit jetzt schon so „abgelutscht", dass es zur Bewerbung irgendwelcher Güter missbraucht wird.

Im 19. Jahrhundert war die Natur vor allem für die arbeitende Bevölkerung, also für die Arbeiter in der Stadt, Erholungsraum. Auch hier nur ein paar Stichworte: Gründung des Österreichischen Alpenvereins 1862 – der deutsche ist erst später, 1869, gegründet worden. Zur selben Zeit sieht man hier einen weltweiten Trend: Gründung des Yosemite-Nationalparks 1864, des Yellowstone Nationalparks 1872. Das heißt, der Tourismus und die Natur sind zum Wirtschaftsfaktor geworden.

Und zu Beginn des 20. Jahrhunderts hat es auch in Österreich erste Argumente für den Erhalt der bestehenden Natur gegeben und zwar im Zusammenhang mit dem Fremdenverkehr. Vielleicht von der Sensation der Niagarafälle beeinflusst, haben auch in Österreich private Investoren für die Stromerzeugung einige interessante Objekte auserkoren, nämlich die Myrafälle. Die wurden zuerst ausgebaut und später wieder zurückgebaut. Allerdings durfte Samstags und Sonntags nicht turbiniert werden. Da war der Fremdenverkehr viel wichtiger. In der Nacht und unter der Woche konnte man Strom erzeugen.

Dann das zweite Beispiel, der Achensee: Es gibt hier ein paar hundert Meter Niveauunterschied zwischen Achensee und Inntal – da hat man den Achensee einfach quer angestochen und im Tal das Kraftwerk gebaut. Dann hat man noch probiert, die Krimmler Wasserfälle, einen wichtigen Punkt in unseren Nationalparkprospekten, auszubauen, aber das ist allerdings nicht realisiert worden.

Bemerkenswert ist, dass die Pro- und Kontra-Argumente damals bis heute fast gleich geblieben sind. Auf der einen Seite waren es Energiegewinnung und technischer Fortschritt, auf der anderen Seite mehr oder minder gottgegebene Natur und natürlich auch der Tourismus. Der wichtige Unterschied war, dass diese Argumente damals in elitären Zirkeln ausgetauscht wurden und jetzt massentauglich sind.

In der Zeit des Nationalsozialismus war der Naturschutz bei Großprojekten wie der Autobahn, wenn es möglich war, integriert, aber wenn es militärische Aspekte gegeben hat, natürlich außer jeder Diskussion. Naturschutz und Landschaftsschutz waren allerdings bei privaten Eingriffen sehr fortschrittlich geregelt und zwar mit einem Reichsnaturschutzgesetz, das in Deutschland inhaltlich noch bis 1976 in Geltung war.

Es hat im sogenannten Tausendjährigen Reich natürlich auch „tausendjährige" Großprojekte gegeben, wie „Atlantropa" – ein Riesenprojekt mit Absenkung des Mittelmeeres zur Landgewinnung und Riesenkraftwerken an den Meerengen von Gibraltar und des Bosporus. Ein zweites „tausendjähriges" Projekt war, dass man die Alpen mit Staumauern umfasst und alle Flüsse und Gletscherabflüsse für die Wasserkraft nützt.

Aber das Tausendjährige Reich war ja dann bald vorbei und wir kommen zur Nachkriegszeit. Hier mussten Naturschutz und Ökologie vorerst zurückstehen. Ein gutes Beispiel ist der Kraftwerksbau in Kaprun, ein gern gewähltes Werbesujet für Energie und Wohlstand. In diesem Zeitgeist wurde auch der Film „Die Helden von Kaprun" ein Kinoerfolg.

Rund zwanzig Jahre später hat man schließlich die Folgen dieser intensiven industriellen Nutzung von Boden, Luft und Wasser nicht nur gespürt, sondern auch hinterfragt. Dazu nur einige Stich- oder je nachdem, Reizworte: 68er-Bewegung, Bürgerrechtsbewegung, Frauenrechtsbewegung, Homosexuellenbewegung, Minderheitenbewegung, Friedensbewegung, der Bericht des Club of Rome „Zur Lage der Menscheit", Dennis Meadows' „Die Grenzen des Wachstums".

Kurz zusammengefasst: steigender Wohlstand, höheres Bildungsniveau, räumliche und soziale Mobilität führen zu neuen Sichtweisen, zum Wunsch nach Änderung und bilden den Boden für Bürgerinitiativen und NGOs. Eine der ersten über die Grenzen der Örtlichkeit hinaus gehende Widerstandsbewegung war der Kampf gegen einen Bau im Sternwartepark. Hier sollte ein kleines Areal für ein zoologisches Institut bebaut werden. Da hat es Widerstand gegeben, die Zeitungen haben dagegen geschrieben, eine Volksbefragung ergab: 57% dagegen. Der damalige Bürgermeister hat Felix Slavik geheißen – die glückliche Nachtigall – war aber eher ein unglücklicher Vogel und musste zurücktreten. Das wirklich einigende Element zwischen diesen diversen, aus dem Boden sprießenden Bürgerinitiativen war die Anti-Atom-Bewegung. In Österreich war der Gipfelpunkt 1978 die Abstimmung über ein schlüsselfertiges Atomkraftwerk, das noch immer steht und zur Besichtigung freigegeben ist. Otto Koenig war klarerweise gegen die militärische, aber auch gegen die friedliche Nutzung der Atom- oder Kernenergie. Er tritt eben nur für einen vertretbaren Dialog zwischen Ökonomie und Ökologie ein und zeigt die praktische Umsetzung mit der Idee des „Lebensraums aus zweiter Hand".

4 Lebensraum aus zweiter Hand

Wenn Otto Koenig schon in der Mittelschule in einem Aufsatz über Naturschutz schreibt, „Schutz den Tieren, aber vorerst Schutz dem Menschen", zeigt das eine Denkweise, die für ein ganzes Leben bestimmend bleibt. Der Mensch ist nämlich Teil der Natur und nicht Außenseiter, auch wenn er die Fähigkeiten hat, seine Lebensgrundlagen zu zerstören oder zu erhalten. Otto Koenig kämpft für die Erhaltung eines Gesamtsystems. Statt Gesamtsystem würde man heute sagen, eines Ökosystems. Ein dynamischer Naturschutz soll korrigierend, verbessernd und heilend eingreifen. Ein statischer Naturschutz oder Panoramanaturschutz, der also menschliche Eingriffe sogar in Kulturlandschaften aufhalten will, ist jedenfalls zu wenig. In seinem Buch „Naturschutz an der Wende" schreibt Otto Koenig: „Darum findet der Ökologe heute nicht mehr seinen wichtigsten Platz auf den Barrikaden als Streiter für die Verteidigung tradierter Romantik, sondern als aktiver, den Lebensbedarf von Tier und Pflanzen kennender Berater neben dem Zeichenbrett des Technikers und im Führerhaus von Traktor und Bulldozer. Nur hier kann er korrigierend eingreifen und aus unvermeidbarer Zerstörung neue Biozönosen entstehen lassen. Wo Überkommenes nicht zu retten ist, muss ein funktionstüchtiger Lebensraum aus zweiter Hand geschaffen werden."

Otto Koenig hat den Begriff „Lebensraum aus zweiter Hand" nicht selbst geprägt, sondern hat ihn in einer Vogelwarte auf Helgoland kennengelernt, wo künstliche Felsen für Seevögel gebaut wurden. Jedenfalls hat er sich immer gegen den Ausdruck „Natur aus zweiter Hand" gewehrt. Er hat ausdrücklich gesagt, „Natur ist nicht reproduzierbar", und dabei betont, dass der Mensch nur Raum bieten und Anstöße geben kann. Aber dazu – um die Natur wirken zu lassen – bedarf es eines ökologischen Fachwissens und daher eines Dialoges zwischen Ökonomie und Ökologie.

Die Natur ist also der Lebensraum aus erster Hand. Im Buch „Das Paradies vor unserer Tür" schreibt Otto Koenig: „Gott hat in diesem Paradies einen wichtigen Baum – gleichzeitig Heimstatt einer Schlange – gepflanzt und diesen, gleichwohl seine Menschen gut kennend, auch gleich unter Naturschutz gestellt. Esset nicht davon, ja rührt die Frucht nicht an, sonst müsst ihr sterben." Hier lässt er trotz Augenzwinkerns auch den Gedanken der Schöpfung als Lebensraum aus erster Hand zu.

Das Jahr 1984: Der erste Gedanke gilt wohl dem Roman George Orwells und seiner Verfilmung. Aber 1984 war auch für Otto Koenig ein wichtiges Datum. Mit 70 Jahren war es Zeit, sich bei der Akademie der Wissenschaften in die Pension zu verabschieden, aber natürlich lange nicht Zeit für den Ruhestand. Im Gegenteil – mit der Gründung des Vereins für Ökologie und Umweltforschung kam sogar neuer Schwung in die Idee des „Lebensraums aus zweiter Hand". 1984 war auch das Jahr der Entscheidung über das Donaukraftwerk Hainburg, wo Otto Koenig eine wichtige Rolle gespielt hat.

5 Hainburg

Im Zusammenhang mit dieser Rolle hat es hier bewusst oder unbewusst einige Geschichtsfälschungen gegeben. Vergegenwärtigen wir uns einmal die politische Lage 1984: Nach dem Ende der Ära Kreisky hat es eine kleine Koalition von Sinowatz (SPÖ) und Steger (FPÖ) gegeben. Der Innenminister war Karl Blecha, der in Österreich noch immer Seniorenvertreter ist und politisch mitmischt. Das Donaukraftwerk Hainburg sollte, noch vor dem heute schon realisierten und in Betrieb gegangenen Kraftwerk Freudenau, die Kraftwerkskette an der Donau abschließen. Es hätte die doppelte Leistung von Wien-Freudenau. Das Kraftwerk Greifenstein, stromaufwärts von Wien, war fast fertig und hatte kaum Proteste ausgelöst. Da haben also die Umweltbewegten offenbar geschlafen, was sie auch zugegeben haben. Allerdings war der Schutz der Donauauen unterhalb von Wien ein sehr griffiges Argument. Der WWF und über 20 Umweltgruppen haben die Aktionsgemeinschaft gegen das Donaukraftwerk Hainburg und zur Rettung der Auen als Naturlandschaft gegründet. Otto Koenig wurde vom Land Niederösterreich als Naturschutzgutachter betraut und schreibt wörtlich: „Aus Sicht eines großräumigen Umweltschutzes wäre der Bau [des Kraftwerks] zu bewilligen, weil hier, bei geeigneten Begleitmaßnahmen, ein wichtiger Ansatz vorliegt, die gefährliche Verwendung von Kohle und Öl zurückzunehmen und durch umweltfreundliche Wasserkraft zu ersetzen." Mehr hat er damals in dieser aufgeheizten Atmosphäre nicht gebraucht. Trotz der genannten Auflagen wurde diese Zustimmung von den Kraftwerksgegnern als Hochverrat am Naturschutz hochstilisiert, und es begannen auch persönliche Diffamierungen Koenigs mit unguten Kampagnen in der Kronenzeitung. Im November 1984 erteilt das Land Niederösterreich die naturschutzrechtliche, kurz darauf das Bundesministerium für Land- und Forstwirtschaft die wasserrechtliche Genehmigung. Die rechtlichen Voraussetzungen waren da, und die Donaukraftwerke AG (DoKW) konnten mit dem Bau beginnen. Mit den ersten Rodungen zogen auch Kraftwerksgegner in die Au. Es kam zu Auseinandersetzungen, zur Aubesetzung, Ankettung an Bagger usw. Die Exekutive musste diesen legalen Baubeginn mit immer mehr Kräften schützen. Nach einem Aufmarsch von 35.000 Gegnern am Heldenplatz wurden nach vielen Verhandlungen ein Weihnachtsfrieden und eine Nachdenkpause verkündet. Die Arbeiten wurden nicht mehr fortgesetzt. Schließlich wurde der Nationalpark Donau-Auen gegründet. Allerdings hat er das Problem, dass er langsam austrocknet, weil sich die Donau eintieft. Das Donaukraftwerk Freudenau wurde verpflichtet, unterhalb von Wien 200.000 m³ Schotter pro Jahr in die Donau zu schütten, damit die Flusssohle wieder stabilisiert wird. Ungarn und Slowakei holen den Schotter wieder heraus und verkaufen ihn den Donaukraftwerken. Die Kosten dafür tragen die Strombezieher.

6 Verein für Ökologie und Umweltforschung

Die Geschichte und die Umsetzung des „Lebensraums aus zweiter Hand" spiegeln sich in der Entwicklung des VÖU, der von Otto Koenig 1984 mitgegründet wurde. Schon ab 1970 hat Otto Koenig über ökologische Verbesserungen bei Wasserkraftwerken verhandelt. 1982 wurden die Forschungsstationen Staning und Marchfeld eröffnet. Allerdings war die Finanzierung trotz Subventionen, Kraftwerksaufträgen und Fernseheinkünften stets knapp und unsicher. Eine Institutionalisierung der Zusammenarbeit sollte eine längerfristige Planung, Qualität und Evaluierung der Forschungen sicherstellen. Auf der anderen Seite war die Energiewirtschaft am Höhepunkt der Hainburgkrise daran interessiert, Zeichen des Dialogs zu setzen und die Vorstellungen Otto Koenig zum „Lebensraum aus zweiter Hand" nicht nur punktuell in der Praxis umzusetzen. So kam es zur Gründung des Vereins. Mitglieder waren damals Wasserkraftbetreiber und die Forschungsgemeinschaft Wilhelminenberg mit ihren Forschungsstellen und Forschern.

Das Ziel war, bestehende Anlagen zu verbessern und bei neuen Anlagen bereits Maßnahmen mitzuplanen und im Bau zu begleiten. Ganz wichtig war, im Betrieb auch die Wirksamkeit zu überprüfen.

Als unverdächtiger Zeuge hat ein Biber den Erfolg des „Lebensraums aus zweiter Hand" bestätigt. Der Fischwanderweg beim Donaukraftwerk Freudenau wurde so naturnah gestaltet, dass der Biber ihn angenommen und einen Damm hineingebaut hat. Spannend war dann die Lösung des ökologischen Konflikts zwischen Fischschutz und Biberschutz: Bei stärkerem Fischverkehr muss der Kraftwerksbetreiber den Damm sorgfältig öffnen – der Biber schließt ihn wieder.

Schon bei der Vereinsgründung war der wissenschaftliche Beirat, heute Expertenrat, ein Organ zur wissenschaftlichen Selbstkontrolle des Vereins, aber auch zur Einbeziehung weiterer Disziplinen. Die jährlichen Umwelttagungen unter der Leitung des Expertenrates sind ein wichtiger Beitrag zur Vereinstätigkeit und bieten auch immer wieder Gelegenheit, über den Tellerrand zu schauen. Die Beiträge werden in einer „Grünen Reihe" veröffentlicht. Diese Reihe hat es schon auf circa 40 Bände gebracht. Der Verein hat vor kurzer Zeit sogar die Satzung geändert, um dem Expertenrat mehr Unabhängigkeit vom Verein zu geben.

1992 dann der Schock für uns alle: Otto Koenig, eigentlich bisher nie krank, stirbt im 78. Lebensjahr. Dieser Verlust einer dominanten Persönlichkeit war natürlich eine kritische Situation – einerseits für den Verein, für die Forschungsgemeinschaft, aber natürlich auch für den Gedanken des „Lebensraums aus zweiter Hand". Die Vorstände in der Energiewirtschaft konnten vorerst überzeugt werden, dass sich der Dialog bewährt hat und man weitermachen sollte. Allerdings hat es seitens der Forschungsgemeinschaft Wilhelminenberg (der ökologische Teil des VÖU) Probleme gegeben. Zuerst ist es noch gut gegangen, allerdings dann hat es dann persönliche Unzulänglichkeiten gegeben, wie Herr Lukschanderl in seinem Buch schreibt. Dazu gab es auch finanzielle Unzulänglichkeiten. Neben all diesen Interna kam es zu grundlegenden Veränderungen in der Energiewirtschaft. Nach 50 Jahren Monopolstruktur ist die Liberalisierung auf sie zugekommen und hat zu Konkurrenz- und Existenzängsten bei Energieversorgungsunternehmen in ganz Europa geführt. Wie auch derzeit wurden damals Sparprogramme eingeleitet, Mitarbeiter abgebaut und Forschungsprojekte reduziert. All das führte zu einer Neuausrichtung des Vereins, von der allgemeinen Forschungsfinanzierung, der Finanzierung von Gehältern, zu einer Projektfinanzierung und damit verbunden zu einer Trennung von Verein und Forschungsgesellschaft Wilhelminenberg.

Heute fördert der Verein wissenschaftliche Projekte, vermittelt die Ergebnisse und bietet sich als Dialogplattform an. Nur einige Beispiele sind:

- „Urbane Polyphonie" – Umwelttag 2013: Ökologen, Energieexperten, aber auch Künstler betrachten das Lebensgefühl „Stadt".

- Das Buch „Unser Klima" hat der Verein gemeinsam mit der Zentralanstalt für Meteorologie und Geodynamik (ZAMG) präsentiert. *Hard* und *soft facts* zu Fragen, die das Klima betreffen, werden hier beantwortet. Das Buch dürfte sich gut verkaufen.

- Ein Expertentag mit Prof. Penninger, Molekularbiologe und auch Mitglied des Expertenrates, über Wasser als Lebensmittel war ein Dialog zwischen Nestlé, die das Trinkwasser ja verkaufen, und NGOs.

- Größtes laufendes Forschungsprojekt ist eine Studie der Universität für Bodenkultur (BOKU) zum Thema „Schwall". Wenn Speicherkraftwerke ein- und ausgeschaltet werden, gibt es flussabwärts Wasserspiegelschwankungen. Das nennt man Schwall und Sunk und wirkt sich auf Fische, Fischlaiche und kleine Lebewesen aus.

7 Erinnerung

Es bleibt noch die Erklärung des Spruchs vom „Lebensraum aus dritter Hand". Im März 2014 verweist das Umweltmagazin „Universum" unter dem Titel „Natur aus dritter Hand" auf Otto Koenig: „Es war der gute OK gewesen, der dereinst das Schlagwort der ‚Natur aus zweiter Hand' geprägt hatte. Damit war der Rauschebart so etwas wie ein Volks-Konrad-Lorenz und für ein Kraftwerk bei Hainburg in die Öko-Schlacht gezogen." Damit wird der „Lebensraum aus dritter Hand" beschrieben. Nach der, zur Bauzeit des Donaukraftwerks Altenwörth, noch mit viel Beton veränderten Traisen wird nun auf 12 km ein Lebensraum von 80 ha nach heutiger Sicht, also aus dritter Hand, geschaffen.

Von den vielen Gedanken und Denkanstößen Otto Koenigs hat sich jedenfalls eine Idee durchgesetzt und wird ihn weiterleben lassen: Der „Lebensraum aus zweiter Hand" und damit ein konstruktiver Dialog zwischen Ökonomie und Ökologie.

Hans Peter Kollar

Otto Koenigs Naturschutzgedanke: Wie hat sich der Zugang zum Naturschutz und zu dessen Umsetzung im Lauf der Zeit verändert?

Zusammenfassung

Otto Koenig (1914–1992) hat bereits in seinen frühen Schriften die Grundgedanken des heutigen Naturschutzes formuliert: Abschirmung und Schutz der Natur, aktive Förderung und Wiederbelebung. In den heutigen Grundlagen des Naturschutzes in Europa, besonders in den Richtlinien der EU (Habitat- und Vogelschutzrichtlinie), werden diese Gedanken in Regelwerken umgesetzt: Schutz von Lebensraumtypen und Arten in Schutzgebieten, Verbesserung ihres Erhaltungszustandes über Managementpläne und Förderungsprojekte („LIFE"-Projekte). In über 40 Jahren Öffentlichkeitsarbeit in Österreich hat Otto Koenig vor allem mit seinen Fernsehsendungen bewusstseinsbildend gewirkt und den Boden für den heutigen Naturschutz bereitet. Er ist damit in eine Reihe zu stellen mit großen öffentlichkeitswirksamen Aktivisten wie Bernhard Grzimek und Otto von Frisch in Deutschland, Jaques Cousteau in Frankreich und David Attenborough in Großbritannien. Auch der Gedanke der Revitalisierung, des „Lebensraums aus zweiter Hand", den Otto Koenig in Österreich bekannt machte, ist heute als Renaturierungsökologie gängige Praxis.

1 Frühe Schriften

Schon im ersten Buch Otto Koenigs, „Wunderland der Wilden Vögel" (Koenig 1939), leuchtet der Naturschutzgedanke durch die begeisterte und sehr gekonnte Naturschilderung hindurch („wir haben nicht das Recht, […] hineinzugreifen in das feine Räderwerk des Lebens anderer Wesen; ebd., 6). Beschrieben wird hier, wie in vielen weiteren Büchern auch, die Natur am Neusiedler See, besonders im Schilfgürtel und in der Salzlacken-Steppenlandschaft des Seewinkels mit ihrer artenreichen Vogelwelt. Otto Koenig war Naturphotograph, Naturforscher und Erzähler, ehe er gemeinsam mit seiner Frau unmittelbar nach dem Krieg im Jahr 1945 die Biologische Station in Militärbaracken auf dem Wilhelminenberg gründete. Auch „Weg ins Schilf" (Koenig 1949) besteht zum größten Teil aus beschreibenden Erzählungen des Naturgeschehens und des Lebens im Schilf, nun aber bereits mit einer – wiederum – erzählenden Konzeption der Biologischen Station auf dem Wilhelminenberg und, mittendrin, mit der Schilderung eines Erlebnisses: Der junge Koenig berichtet hier, wie er, versehen mit einer Legitimation „als Flurhüter", die er auf Grund seiner „Naturschutzarbeit in diesem Gebiet" erhalten hatte, zwei Einheimische beim offensichtlichen Versuch, in einer Flussseeschwalben-Kolonie im Seewinkel Eier zu stehlen, ertappt, und wie er diese wohl nach gründlicher Belehrung heimschickt (ebd., 58ff.). Bemerkenswert ist, dass sich die beiden verhinderten Eierdiebe darauf ausreden, „dass sie ja eigentlich Trappen jagen wollten", denn die Großtrappe hatte zu dieser Zeit „Schusszeit" (ebd., 59)! Beides, die Bejagung der Großtrappe und ein derartiges Ereignis, sind heute undenkbar und wirken geradezu unwirklich, denn abgesehen davon, dass das Gebiet (seit 1992) Nationalpark ist, verbietet auch das allgemeine Bewusstsein der Öffentlichkeit, der Zeitgeist, ein solches Geschehen, ein Umstand, den Otto Koenig zuvorderst mit herbeigeführt hat.

2 Das Buch vom Neusiedlersee

Voll ausgebreitet und erörtert wird der Naturschutzgedanke bei Otto Koenig dann im „Buch vom Neusiedlersee": In einem eigenen Kapitel (Koenig 1961, 260f.) wird „Naturschutz" in seiner Berechtigung, seiner Bedeutung und seiner Perspektive abgehandelt. Koenig versteht Naturschutz als „soziales, wirtschaftliches und kulturelles Problem", er fordert seine wissenschaftliche Begründung („Der Naturschützer muss wie der Denkmalpfleger geschulter Fachmann sein"; ebd., 261), und er weist auf die Notwendigkeit hin, Naturschutz gesetzlich zu verankern, um Naturschutzgebiete zu schaffen und Schutzmaßnahmen abzusichern, die er am Beispiel des Neusiedler Sees und des Seewinkels sehr konkret anführt.

Vor allem aber formuliert Koenig die Hauptaufgaben des Naturschutzes, hier als „Arbeitsrichtungen" bezeichnet (ebd., 261): „1. Abschirmung und Schutz; 2. Aktive Förderung und Wiederbelebung."

Damit sind die Hauptinhalte des Naturschutzes umrissen, an denen sich bis heute nichts geändert hat. Beide Aspekte werden in den Naturschutzgesetzen der Länder und Nationen, in den Richtlinien der Europäischen Union und in internationalen Verträgen und Programmen in institutionalisierter Form umgesetzt.

3 Abschirmung und Schutz

Die ersten völlig unter Schutz gestellten Teile der Natur waren schon um die Wende vom 19. zum 20. Jahrhundert Naturdenkmäler. Zunächst wurden Einzelobjekte, wie Bäume und Felsformationen, unter Schutz gestellt, dann auch flächige Gebilde, wie Tümpel, Moore, Trockenrasen und später größere Gewässer. Naturschutzgebiete sind die nächst größeren unter Schutz gestellten Gebiete, Nationalparks die größtflächigen. Sie alle stehen nach nationalem beziehungsweise Bundesländer-Recht unter Schutz, es herrscht zumeist, vor allem bei Naturdenkmälern und Nationalparken, Eingriffsverbot. Dazu kamen seit dem Inkrafttreten der Vogelschutzrichtlinie und der Fauna-Flora-Habitat (FFH)-Richtlinie Schutzgebiete im kohärenten Netzwerk „Natura 2000" der Europäischen Union, nämlich nach der Vogelschutzrichtlinie ausgewiesene Vogelschutzgebiete und nach der FFH-Richtlinie ausgewiesene FFH-Europaschutzgebiete (sowie natürlich nach beiden Richtlinien ausgewiesene Schutzgebiete).

Der Eingriff in Schutzgebiete ist entsprechend der Vogelschutz- und FFH-Richtlinie beziehungsweise ihrer Umsetzung in nationalem Recht klar geregelt. Grundsätzlich sind Eingriffe, die erhebliche nachteilige Auswirkungen auf die Tier- und Pflanzenarten sowie Lebensraumtypen, für die das Schutzgebiet ausgewiesen wurde, haben könnten, verboten, und zwar auch für Auswirkungen von außen (Abschirmung und Schutz). Auswirkungen im Schutzgebiet sind entweder erheblich (und nicht genehmigungsfähig) oder nicht erheblich (und genehmigungsfähig). Die Kriterien und Genehmigungsvoraussetzungen sind in nationales Recht und in das Recht für Umweltverträglichkeitsprüfungen (UVP) übergeführt worden. Es ist Aufgabe der jeweiligen Naturschutz- und UVP-Behörde, die Genehmigungsfähigkeit von Vorhaben gemäß Vogelschutzrichtlinie, FFH-Richtlinie und ihrer Umsetzung im jeweiligen Landes- und nationalem Recht zu überprüfen.

Aber auch außerhalb von Schutzgebieten stehen Tier- und Pflanzenarten sowie Lebensraumtypen unter Schutz, und zwar Arten aus Anhang 1 der Vogelschutzrichtlinie, Pflanzen- und Tierarten sowie Lebensraumtypen nach Anhang 1 der FFH-Richtlinie und zusätzlich Tier- und Pflanzenarten, für die Eingriffe in Fortpflanzungsstätten sowie die Entnahme aus der Natur verboten sind. Diese Schutzbestimmungen entsprechen den Artenschutzverordnungen der früheren Naturschutzgesetze, in denen Tier- und Pflanzenarten, die aufgrund ihrer Auffälligkeit und Schönheit, ihrer Nutzbarkeit oder aus sonstigen Gründen besonders gerne der Natur entnommen wurden, geschützt waren (z. B. besonders schöne Blütenpflanzen, große Schnecken, seltene Falter). Die Länder und Mitgliedsstaaten haben diese Arten in Artenschutzverordnungen aufgelistet. Eingriffe in Lebensräume und Bestände dieser Arten sind nicht zulässig, es sei denn, sie werden durch Maßnahmen, die vor dem Eingriff wirksam werden, mehr als ausgeglichen (sogenannte vorgezogene Maßnahmen oder *„CEF = Continued Ecological Functionality"*-Maßnahmen). Den fachlichen Rahmen für die Umsetzung des Naturschutzrechts innerhalb und außerhalb von Schutzgebieten bieten heute Leitfäden, Regelwerke und Fachpublikationen (z. B.: Europäische Kommission 1999 und 2007; Ellmauer et al. 2005).

Den früheren eher allgemein gehaltenen Naturschutzgesetzen mit Interpretationsmöglichkeit, dem Engagement von Einzelpersonen und Organisationen und der Stimme populärer Meinungsträger, wie eben Otto Koenig, sind nun festgelegte Bewertungssysteme, Verfahren und Kontrollinstanzen gefolgt. Die Regeln sind eigentlich klar, die Umsetzung in den Bundesländern ist, es sei aus der Praxis bemerkt, dennoch mitunter erstaunlich unterschiedlich.

4 Aktive Förderung und Wiederbelebung

Für alle Schutzgebiete in Europa, also Vogelschutzgebiete und nach der Flora-Fauna-Habitat-Richtlinie ausgewiesene Gebiete im Netzwerk Natura 2000, sind Schutzziele und Maßnahmen, wie diese Ziele erreicht werden, definiert. Die Ziele und Maßnahmen sind im jeweiligen „Managementplan" für jedes Schutzgebiet festgelegt. Die Umsetzung wird kontrolliert, es besteht Berichtspflicht gegenüber der Europäischen Kommission.

Die Maßnahmen sind vielfältig. Trockenrasen in der Kulturlandschaft bedürfen der Beweidung oder der Mahd, intensive Wirtschaftswälder sind durch Bestandsumwandlung zu standortgerechten Wäldern zurück zu entwickeln, frühere Feuchtlebensräume sind wieder zu vernässen, Vernetzung zwischen Lebensräumen ist wiederherzustellen, der Bracheanteil in intensiv landwirtschaftlich genutzten Gebieten zu erhöhen, der Altholzanteil in Wäldern zu fördern, die Durchlässigkeit von Gewässern wiederherzustellen (in Umsetzung der Wasserrahmenrichtlinie, einer weiteren naturschutzbezogenen Richtlinie der EU) usw.; viele dieser Maßnahmen betreffen Lebensräume, die in der Vergangenheit beeinträchtigt worden sind, oft werden sie als Ausgleichmaßnahmen für Eingriffe (außerhalb Europaschutzgebieten) beantragt und umgesetzt. Wird solcherart anthropogen stark veränderter Lebensraum wieder in einen deutlich naturnäheren Zustand gebracht, kann man auch vom „Lebensraum aus zweiter Hand" sprechen. In diesem Sinne war auch Koenigs Stellungnahme zu Vorhaben der 1980er Jahre gemeint, besonders zu Wasserkraftwerken (Kamp, Donau), die ihm von Projektgegnern und Teilen der Öffentlichkeit in durchaus schmerzlicher Weise negativ ausgelegt und lange nachgetragen wurde. Den Begriff „Lebensraum aus zweiter Hand" führt Koenig selbst übrigens auf künstliche Lummenfelsen auf der Vogelwarte Helgoland zurück (Koenig 1990, 139); die Bedeutung von sekundären Biotopen für den Naturschutz war aber schon seit den frühen 1970er Jahren in Deutschland Thema (eine Übersicht dazu beispielsweise in Dingethal et al. 1985), und der Begriff stammt wohl aus der Kiesgrubenrevitalisierung. Koenig lernte diese Bemühungen jedenfalls auch im Kreise der Gruppe Ökologie kennen, die sich 1972 um damals bekannte Naturschutzaktivisten, Biologen und Publizisten wie Hubert Weinzierl, Konrad Lorenz, Irenäus Eibl-Eibesfeldt, Paul Leyhausen, Horst Stern und Heinz Sielmann gebildet hatte (siehe dazu Taschwer & Föger 2003). Koenig besuchte diese Gruppe zumindest einmal, um 1980.

Bei der Umsetzung von Auflagen in Naturschutz- und UVP-Verfahren, entsprechend den EU-Richtlinien, aber auch den Naturschutzgesetzen innerhalb und außerhalb Europas (z. B. in Nordamerika), ist die Wiederherstellung und Verbesserung von durch menschliche Tätigkeit veränderten Lebensräumen mittlerweile gängige Praxis. Ausgleichsflächen, Bestandsumwandlung (im Wald), Totholzsicherung, Bepflanzung und standortgerechte Wiederbesämung, Vegetationsverpflanzung, Reliefwiederherstellung, Wiedervernässung und Anlage von Laichgewässern und (Klein-) strukturen sind aus den Genehmigungsverfahren nicht mehr weg zu denkende Begriffe und Maßnahmen. Die Grenzen zwischen Neuanlage eines Lebensraums und Lebensraumverbesserung sind natürlich fließend, je nach Ausgangslebensraum und notwendigen Maßnahmen, und derzeit macht die Entstehung neuer Lebensraumtypen und Ökosysteme unter dem Einfluss massiver Landnutzungsänderungen und der Ansiedlung invasiver Fremdarten die Lage noch komplizierter und ruft Diskussionen in der Renaturierungsökologie hervor (Hermann et al. 2013).

Unumstritten war und ist Lebensraumverbesserung freilich im Dienste des Naturschutzes ohne Umweg über Projekte: Für die bereits erwähnte Großtrappe, eine Vogelart der Steppe, die über Jahrhunderte von der extensiven Landwirtschaft begünstigt wurde, mit der Intensivierung der Feldbearbeitung aber stark zurückging, wurden nach erfolglosen Versuchen der Aufzucht seit 1979 Schutzflächen angelegt, beginnend mit rund 6 ha im Marchfeld, damals betreut von einer Außenstelle des Wilhelminenberger Institutes, unterstützt von Otto Koenig in seiner Fernsehsendung. Die „Trappenäcker", gezielt als Ruhe- und Nahrungsraum bewirtschaftet, wurden von der Großtrappe angenommen (Kollar 1983) und vermehrt. Heute ist daraus ein von der EU getragenes Projekt unter LIFE und LIFE plus geworden, das, von einem eigenen Verein betreut, insgesamt bereits fast 5.000 ha Schutzfläche in Ostösterreich umfasst (Raab et al. 2010a) und zahlreiche weitere Maßnahmen enthält, wie das Verkabeln von Freileitungen. Der Bestand der Großtrappe in Ostösterreich ist von etwa 130 Individuen 1980 auf etwa 274 im Jahr 2010 angestiegen (Raab et al. 2010b). Anhand dieses Beispiels wird im Übrigen deutlich, dass „Abschirmung und Schutz" sowie „Förderung und Wiederbelebung" oft zusammenspielen müssen, denn auf ihren Schutzflächen braucht die Großtrappe selbstverständlich Ruhe. Reiner Schutz hingegen war die Verhinderung der Brücke über den Neusiedler See im Jahr 1971, zu der Otto Koenig mit seiner Fernsehsendung und seinem Einfluss wohl einen wesentlichen Beitrag leistete.

Abb. 1: Otto Koenig im Fernsehstudio, etwa 1975 (Quelle: Sammlung Demel).

5 Bewusstseinsbildung

Die Fernsehsendung von Otto Koenig, zuletzt „Rendezvous mit Tier und Mensch", lief im Wesentlichen unverändert von 1956 bis 1992 und gehört zu den am längsten laufenden Fernsehsendungen überhaupt. Dazu kommen seit 1937 zahlreiche Publikationen, Vorträge und wissenschaftliche Arbeiten. Öffentlichkeitsarbeit über ein halbes Jahrhundert hinweg, davon allein mit der Fernsehsendung 36 Jahre lang, muss dazu beitragen, das Bewusstsein der Gesellschaft zu verändern.

Zugleich waren in Europa einige weitere große öffentlichkeitswirksame Biologen und Naturwissenschaftler am Werk, wie Bernhard Grzimek (1909–1987) und Otto von Frisch (1929–2008) in Deutschland, Jaques Cousteau (1910–1997) in Frankreich und David Attenborough (geboren 1926) in Großbritannien. Alle waren zur gleichen Zeit wie Otto Koenig vor allem über das Medium des 20. Jahrhunderts, das Fernsehen, tätig, und alle trugen, mit unterschiedlichen Schwerpunkten, zur Entwicklung jenes Bewusstseins bei, das zum Ende des vorigen Jahrhunderts hin schließlich den gegenwärtigen Naturschutz mit seinen Methoden, Zielen und Regeln in Europa möglich machte.

6 Schlusswort

So hat sich der Zugang zum Naturschutz im Grunde nicht geändert: Die Bewahrung der Natur dort, wo sie ursprünglich ist und keines Eingriffes, nur der Abschirmung und des Schutzes bedarf, und ihre Förderung und Wiederbelebung dort, wo Lebensraumtypen durch Menschenhand entstanden sind und durch Nutzung und Pflege aufrecht erhalten und bereichert werden, sind, wie von Koenig (neben anderen Großen jener Zeit) formuliert, gültige Grundsätze des Naturschutzes geblieben. Heute sind sie in Regelwerke und Gesetze gefasst und werden in Verfahren umgesetzt. Jahrzehntelange Vermittlung und Bewusstseinsbildung durch Otto Koenig haben dafür den Boden bereitet. Dass auch die aktuellen rechtlichen Werkzeuge am Gebrauch zu verbessern sind, und dass oft mehr Nachdruck und Ehrlichkeit bei ihrer Anwendung geboten wäre, sei am Schluss angemerkt; Otto Koenig hätte dies sicher genauso gesehen.

7 Literatur

Dingethal, F. J., Jürging, P., Kaule, G., Weinzierl, W. (Hg.) 1985: Kiesgrube und Landschaft. Handbuch über den Abbau von Sand und Kies, Rekultivierung und Renaturierung. Parey. Hamburg u. a.

Ellmauer, T. (Hg.) 2005: Entwicklung von Kriterien, Indikatoren und Schwellenwerten zur Beurteilung des Erhaltungszustandes der Natura 2000-Schutzgüter. Im Auftrag der neun österreichischen Bundesländer, des Bundesministeriums für Land- und Forstwirtschaft, Umwelt und Wasserwirtschaft und der Umweltbundesamt GmbH. 3 Bände. Wien.

Europäische Kommission 1999: Interpretationsleitfaden für Artikel 6 der Habitat-Richtlinie 92/43/EWG. Ausgearbeitet durch die Europäische Kommission GD XI.

Europäische Kommission 2007: Leitfaden zum strengen Schutzsystem für Tierarten von gemeinschaftlichem Interesse im Rahmen der FFH-Richtlinie 92/43/EWG. Endgültige Fassung, Februar 2007.

Hermann, J. M., Kiehl, K., Kirmer, A., Tischew, S., Kollmann, J. 2013: Renaturierungsökologie im Spannungsfeld zwischen Naturschutz und neuartigen Ökosystemen. – In: Natur und Landschaft 88 (4), 149–154.

Koenig, O. 1939: Wunderland der wilden Vögel. Gottschammel und Hammer. Wien.

Koenig, O. 1949: Weg ins Schilf. Erlebnisse mit Tieren. Ullstein. Wien.

Koenig, O. 1961: Das Buch vom Neusiedlersee. Wollzeilen Verlag. Wien.

Koenig, O. 1990: Naturschutz an der Wende. Jugend & Volk. Wien.

Taschwer, K., Föger, B. 2003: Konrad Lorenz. Biographie. Zsolnay. Wien.

Kollar, H. P. 1983: Der Einfluß von Trappenschutzfeldern auf den Aktionsraum der Großtrappe (*Otis tarda* L.) im Marchfeld (Niederösterreich). – In: Egretta 26 (2), 33–42.

Raab, R., Kollar, H. P., Winkler, H., Faragó, S., Spakovszky, P., Chavko, J., Maderič, B., Škorpíková, V., Patak, E., Wurm, H., Julius, E., Raab, S., Schütz, C. 2010a: Die Bestandsentwicklung der westpannonischen Population der Großtrappe, *Otis tarda* Linnaeus 1758, von 1900 bis zum Winter 2008/2009. – In: Egretta 51, 74–99.

Raab, R., Kovacs, F. J., Julius, E., Raab, S., Schütz, C. Spakovszky, P., Timar, J. 2010b: Die Großtrappe in Mitteleuropa. Erfolgreicher Schutz der westpannonischen Population. APG. Wien.

Christa Sütterlin und Irenäus Eibl-Eibesfeldt

Otto Koenigs „Urmotiv Auge" revisited

Zusammenfassung

Es gehört unzweifelhaft zu den beachtenswertesten Leistungen des Wiener Verhaltensforschers Otto Koenig, dem Phänomen spezieller Symbol- und Attrappen-Bildungen im Bereich menschlicher Kultur mit seiner 1975 erschienenen Monographie „Urmotiv Auge" eine systematische Aufmerksamkeit und Herleitung geschenkt zu haben. Das Augensymbol stellt dank seiner ethologischen Schlüsselrolle im Bereich des Blickverhaltens und der Kommunikation auch ein wahres Schlüsselmotiv für seine enorme kulturelle Verbreitung und universelle Bedeutung dar. Erschlossen wurden damit Grundlagen einer Kulturethologie. Vierzig Jahre später lässt sich aufgrund eigener Erkundungen im Rahmen des Faches ein neuer Blick auf Tragfähigkeit und Konzepte der wegweisenden Studie wagen und mit Materialien aus der neueren Forschung anreichern.

1 Einleitung: der Mensch als Kulturwesen

Arnold Gehlen (1940) hat den Menschen als ein Kulturwesen von Natur gesehen.

Dass der Mensch mit künstlich oder künstlerisch gesetzten Symbolen auf ähnliche Weise zu kommunizieren vermag wie mit körperlichen Signalen im natürlichen Verhaltenskontext, stellt die Entdeckung einer mittleren Generation von Ethologen dar. Methodisch verknüpft ist diese Form des Vergleichens mit den Begriffen der Konvergenz und Analogie (Eibl-Eibesfeldt 2004, 203ff.). In den 1960er Jahren kam auch das Konzept der „Ritualisation" stärker ins Spiel (Huxley 1966; Eibl-Eibesfeldt & Wickler 1968). Konrad Lorenz sprach im Titel einer Publikation von Parallelen in der „stammes- und kulturgeschichtliche[n] Ritenbildung" (Lorenz 1966).

Katesa Schlossers Veröffentlichung über den „Signalismus in der Kunst der Naturvölker" (Schlosser 1952) hatte bereits ein breiteres Interesse geweckt, kam aber aus einer ethnographischen Ecke, die Otto Koenig damals wenig erschlossen war. Die Denkfigur war gut angelegt und vorbereitet. Die ethologische Forschung stand seit Mitte des vorigen Jahrhunderts in einem Fokus des Interesses, der es einem Unterfangen wie dem

Otto Koenigs erlaubte, aus dem Vollen des bereits Erreichten zu schöpfen, wie auch, die Erweiterung des Ansatzes über das Verhalten hinaus weit in die menschliche Kultur zu tragen. Das Auge als Motiv der kommunikativen Lebendigkeit und der Interaktion zwischen Zeichen und Betrachter – Sender und Empfänger – bewahrt diese Eigenschaft bis in die Wirkungssphäre des Brauchtums und der Kunst. Die Kulturethologie, wie sie von Otto Koenig in die Ebene einer wissenschaftlichen Disziplin erhoben wurde, hat Hubert Markl am Ende des Jahrhunderts eine „fortwirkenden Naturgeschichte des Menschen" genannt (Markl 1998).

Unter den Aspekten, die Otto Koenig als zentral und maßgeblich für seine kulturethologischen Analysen erachtete, sind für unsere Nachlese einige zum Anlass geworden, seine Untersuchungen zum „Urmotiv Auge" in seiner weiteren Verbreitung und Vertiefung nochmals in den Blick zu rücken. Ihnen sind insbesondere die einzelnen Absätze des fünften Kapitels gewidmet.

2 Das Auge – mehr als ein Sinnesorgan: ethologische Grundlagen

Es ist für den Verhaltensforscher Otto Koenig kennzeichnend, dass er seine kulturethologische Betrachtung des Augenmotivs mit einer Darstellung des körperlichen Organes beginnt, seiner Morphologie, Anatomie wie auch Physiologie. Dabei treten für ihn neben den Eigenschaften als konservatives und vergleichsweise autonomes Organ vor allem jene in den Vordergrund, die es erlauben, das Organ in den Rahmen einer Verhaltenskunde zu stellen. Ein Sondermerkmal des Sinnesorgans Auge ist ja, dass es funktionell nicht nur zur Informationsaufnahme, sondern auch als Signalgeber angelegt ist. Diese Doppelfunktion als Sender und Empfänger lässt es vor allem im täglichen Verhaltensvollzug für kommunikative Interaktionen als besonders geeignet erscheinen. Eine Aufzählung umgangssprachlicher Beschreibungen seiner expressiven Möglichkeiten findet sich in seinem Aufsatz aus dem Jahr 1978 (Koenig 1978, 496).

Den phylogenetischen Spuren der Entwicklung zum Signalgeber geht Otto Koenig vor allem auf den Seiten 73–108 seiner Monographie nach. Dies entspricht der breiten ethologischen Fundierung seiner Arbeit. Hier taucht er nicht nur in die Vorformen der Signalentwicklung bei verschiedenen Tieren ein, sondern in die Grundlagen der Wahrnehmung als fundamentale Welterfassung. Er sieht jedes Lebewesen „eingebettet in das Gefüge der

Biozönose [...] und von den Aktivitäten anderer Lebewesen in irgendeiner Form berührt" (Koenig 1975, 93). Dass im Rahmen gegebener Komplexität und Veränderlichkeit der Umwelt bereits in der Wahrnehmung der Organismen eine Reduktion der Reizfülle auf gemeinsame Merkmale erfolgen muss, um angemessen reagieren zu können, lenkt den Blick auf den Selektionsdruck hin zur Vereinfachung und Kategorisierung bereits auf Sinnesebene. Hinsichtlich einer raschen Feind-Erkennung sind Kriterien der allgemeinsten Merkmalserfassung und Schemabildung geboten. Gesichtsmerkmale mögen stärker variieren, die Augen am vorderen ‚Angriffsteil' der Organismen gehören hingegen zu den unveränderlichen und „universellsten Kennzeichen des ‚Tieres' schlechthin" (ebd., 76), insbesondere aber von Raubtieren, die ihre Beute fixieren. Darauf zu reagieren, vorzugsweise mit Flucht, erweist sich als zwingend. Eine maximale und generelle Empfänglichkeit vieler Tiere auf den Wahrnehmungsreiz ‚Auge' ist daraus abzuleiten – insbesondere des Augenpaares – sowie dessen Bedeutung als Signalgeber. Die Wirkung von warnenden Attrappen im Straßenverkehr ließ nach Koenig die Unfallzahlen mit Wildtieren deutlich sinken (ebd., 77).

Das Thema der Attrappe ist damit angesprochen. Augenflecken im Gefieder, im Fell und an Körperteilen von Tieren, wo Augen nur als täuschendes Mimikry vorkommen können, spielen bereits bei Kerbtieren, vor allem bei Schmetterlingen und deren Raupen, sowie bei einigen Fischarten eine wichtige Rolle. Es handelt sich oft um eine Nachahmung des Wirbeltierauges mit Irisring oder Pupillenpunkt auf den Flügeln, die im Augenblick der Gefahr dem Fressfeind durch Auf- oder Niederklappen der Flügel präsentiert werden. Diese Bildung dient als Attrappe zur Abschreckung (Wickler 1968). Koenig geht im Kapitel 7 des Allgemeinen Teils in „Urmotiv Auge" genauer darauf ein.[1] Fangschreckenkrebse imponieren mit auffällig hell umrandeten dunklen Augenflecken auf ihren Fangarmen (Eibl-Eibesfeldt 1980, 237). Es gibt auch Attrappenversuche, die an Tieren durchgeführt wurden, wie jene von Blest (1957), die Koenig (1975, 78) erwähnt. Gerade an ihnen wird klar, dass oft ein einfachster Reiz, der die entscheidenden Merkmale darbietet, genügt, um ein bestimmtes Verhalten auszulösen (Eibl-Eibesfeldt 1980, 130f.), worauf auch OttoKoenig in seinem Kapitel der „Attrappensichtigkeit" hinweist.

---

[1] Siehe die Abbildungen in Koenig (1975, 94 und 96).

Das Auge ist damit als sogenannter „Auslöser" vorgestellt (Koenig 1975, 85) und gehört in dieser Definition in das klassische Repertoire ethologischer Terminologie (Schleidt 1962). Das angeborene Ansprechen auf diesen Lorenzschen Schlüssel-Reiz („Auslöser") wird durch die spezifische Merkmalskombination des Reizes (hier Auge) verursacht und setzt die Angeborenen Auslösenden Mechanismen (AAM), hier des motorischen Fluchtverhaltens, in Gang (Lorenz 1965). Wenn Otto Koenig am Ende dieser einleitenden tierethologischen Kapitel zur Bedeutung des Augenmotivs für das menschliche Leben überleitet, stellt er fest, dass der „Mensch als phylogenetisch gewachsenes, den biologischen Gesetzen unterworfenes Lebewesen, als zoologisch-systematischer Stammbaumpartikel unter Millionen, weder Möglichkeit noch Veranlassung" hatte, „aus dieser durchgehenden Gesetzlichkeit auszubrechen. Als Jäger, der Beutetiere orten, als Gejagter, der Feinde erkennen, und als Kumpan unter Kumpanen, der verstehen und verstanden werden muss, kommt er um die Spielregeln des Augensignalsystems nicht herum" (Koenig 1975, 102).

Die Diktion Otto Koenigs ist hier vor der etwas hochgreifenden Fachterminologie der Ethologie seiner Zeit nicht gefeit. Heute würde man die menschliche Stellung im phylogenetischen Strom des Gewordenen und noch immer Werdenden wohl etwas anders formulieren. Jedoch sieht er richtig die ähnlichen lebenswirklichen Bedingungen jener ursprünglichen Situation, in der die Gattung Mensch als eine unter vielen entstand, und unter ähnlichen Selektionsdrücken eine visuelle Wahrnehmung ausbildete, die auf optimale Wirklichkeitserfassung und Verhaltensorientierung angelegt war.

3 Drohstarren und Augenleuchten: zum menschlichen Blickverhalten

Der Mensch ist von seiner Kultur ebenso wenig zu trennen wie von seinem Verhalten. Otto Koenig war einer der ersten, dies so klar zu sehen. Dass der Mensch andere Möglichkeiten besitzt, seinen kulturellen Rahmen zu gestalten und zu erweitern, liegt für den Kulturethologen auf einer Entwicklungslinie, die nicht mit dem Menschen beginnt, sondern lange vor ihm ansetzt.

Der Anteil der visuellen Wahrnehmung an der Gesamtsinnesleistung des Menschen wird auf über achtzig Prozent geschätzt. Wir sind also vorwiegend Augenwesen, die sich in der Welt anhand ihrer visuellen Information orientieren. Eine entsprechende Rolle nimmt das Sehen auch beim zwischenmenschlichen Kontakt ein. Innerhalb von Millisekunden entscheidet das Auge, ob unser Gegenüber bekannt oder unbekannt, männlich oder weiblich, alt oder jung, sympathisch oder unsympathisch, gesund oder kränklich ist (Ekman & Friesen 1975; Ambady & Rosenthal 1992). Beim Menschen gilt das Prinzip des kommunikativen Organs, also eines Auges, das sowohl Empfänger wie auch Sender von Informationen ist, genauso wie im Tierreich. Die Signalkomponente der weißen Sklera, die bereits bei einigen Primaten wie Gorillas und Schimpansen auffälliges Kennzeichen ist, erwähnt Koenig in seinem Kapitel über „die Bedeutung des Auges als Signalgeber" (Koenig 1975, 79). Der gegenseitige Blickkontakt erscheint beim Menschen um die Dimensionen seiner sozialen Kompetenz erweitert.

Augenkontakt spielt daher im menschlichen Verhalten eine zentrale Rolle. Nach den Untersuchungen von Yarbus (1967) konzentrieren sich die Blickbewegungen von Betrachtern von zweidimensionalen Gesichtsvorlagen auf die Augen- und Mundpartie der Vorlagen.[2] Bereits Säuglinge richten ihre Augen nach der Mutter, wenn dies sie anspricht, und dass selbst blind Geborene dies tun, weist auf die Programmierung durch einen zentralen Fixiervorgang hin – ein Grund, warum die Behinderung oft so spät erkannt wird (Freedman 1964). Blickkontakt stärkt die mütterliche Bindung an das Kind und stellt deshalb eine wichtige Anpassung unseres Verhaltens dar (Eibl-Eibesfeldt & Sütterlin 1992, 55).

Dass das Blickverhalten ambivalente Bedeutung sowohl bezüglich des Ausdrucks wie der Rezeption besitzt, ist gut untersucht (Eibl-Eibesfeldt 2004, 240f.). Einerseits ist Blickkontakt wichtig, um Kommunikationsbereitschaft zu zeigen, und Blicke werden auch im Kontext des Flirtverhaltens getauscht. Ein zu langes einseitiges Anblicken wird aber leicht als zudringliches Beobachten empfunden, und gegenseitiger längerer Blickkontakt kann zu Drohstarrduellen ausarten. Drohstarren gehört zum Reper-

---

[2] In einer neueren Studie wurde dieses Muster der Gesichtswahrnehmung zwar kulturell relativiert (Blais et al. 2008). Der Vergleich von westeuropäischen und japanischen Versuchspersonengruppen kann allerdings kaum als repräsentative Untersuchung mit Kulturen vergleichendem Anspruch gelten. Die japanische Kultur gilt generell als restriktiv, was emotionelle Gesichtsausdrücke betrifft. Die Probanden gaben zudem an, dass sie Hemmungen bei direktem Blickkontakt empfänden, was auf dessen intrusive Bedeutung hinweist.

toire aggressiven Verhaltens (Eibl-Eibesfeldt 2004, 242). Kleinkinder regulieren ihre Pulsschlagfrequenz bei Annäherungen von Fremdpersonen durch Wegschauen (Waters et al. 1975).

Dass Blickkontakt sowohl als freundliches (positives) wie auch bedrohliches (negatives) Signal wahrgenommen wird und im Empfänger zwei antagonistische Systeme – Zuwendung und Abkehr – aktiviert, geht aus einer breiten Kulturen vergleichenden Dokumentation menschlichen Verhaltens hervor (Eibl-Eibesfeldt 2004, 243f.). Die Systeme können sich zyklisch abwechseln, wie dies sowohl im Flirtverhalten Erwachsener sowie bei Kleinkindern in der Situation des Fremdelns zu beobachten ist. Interesse bekundet sich durch Blickzuwendung, wird jedoch im Wechsel durch Verhaltensweisen scheuer Blickabwendung überlagert, die auf die Zudringlichkeit Fremder reagiert. Das Blickverhalten pendelt so zwischen neugierigem Hin- und verlegenem Wegschauen.

Abb. 1: Ambivalentes Blickverhalten einer jungen Himba-Frau beim Flirt (Quelle: Filmarchiv Eibl-Eibesfeldt).

In jedem Falle kommt dem Auge und dem Blick des Mitmenschen höchste Aufmerksamkeit zu. Die künstliche (kosmetische) Betonung der Augen vor allem bei Frauen nimmt diese signalgebende Bedeutung auf und verstärkt sie. Von besonderer Bedeutung ist der sogenannte Augengruß. In allen untersuchten Kulturen läuft dieses nonverbale Grußverhalten formkonstant im Kontext freundschaftlicher Begegnung ab und signalisiert sowohl Wiedererkennen als auch Kontaktbereitschaft (Eibl-Eibesfeldt 2004, 171).

Fixierende (starrende) Augen zeigen, dass uns jemand seine Aufmerksamkeit zuwendet, möglicherweise beobachtet. Hier reagieren wir ganz ähnlich wie andere Wirbeltiere mit erhöhter Alarmbereitschaft. Im Experiment gebotene Augenflecken lassen den messbaren Erregungsspiegel bei Menschen ansteigen, vor allem, wenn sie in horizontaler Stellung geboten werden. In Schräglage reduziert sich der Effekt und in der Vertikalen ist er nur noch minimal (Coss 1968). Offenbar geht es um die Wirkung, die ein fixierendes Augenpaar auslöst. Otto Koenig erwähnt die Arbeit von Richard Coss (1968) im Zusammenhang mit der Anbringung und Warnwirkung von Autoschlusslichtern (Koenig 1975, 74 und 413) – ein Effekt, der in die erwähnte Richtung geht. Auf Coss (1974) und rezente Zeitungsberichte geht zurück, dass die Anbringung von Augenpaar-Zeichen an Orten, wo Diebstähle gehäuft vorkommen, die Rate deutlich sinken ließ. Modulierende Effekte kommen im Rahmen der Ornamentik durch Rund-, Ovalform und Pupillengröße des Augenmusters ins Spiel (Uher 1990). Je kleiner die Pupilleneinzeichnung, umso bedrohlicher der Effekt. Dies spiegelt auch die Pupillengröße im Erregungsmodus des aggressiven Drohens wider.

4 Das Augensymbol als „Urmotiv" und Universalie

Im Unterschied zu Tieren ist der Mensch nicht darauf angewiesen, mit dem eigenen Körper zu signalisieren. Er kann über von seinem Körper abgelöste Kommunikationsträger Mitteilungen machen. Er kann über Bilder, Skulpturen und Schrift kommunizieren. Hierbei gehören bildliche und skulpturale Darstellungen zu den älteren Formen (Eibl-Eibesfeldt & Sütterlin 1992). Otto Koenig hat diese kulturellen Phänomene in „Urmotiv Auge" nicht nur in ihrer ganzen Breite, sondern auch in ihren Verlaufsformen aufgezeigt. Auch künstliche und künstlerische Schöpfungen des Menschen unterliegen im Laufe der Zeit Änderungen, die gewissen Gesetzen folgen. Koenig erwähnt die Analogie von kulturellem und phylogenetischem Wandel in seiner Einführung und zitiert hierfür die Arbeit von Bernhard Rensch (1965). Auch Konrad Lorenz (1965 und 1966) hatte, wie erwähnt, bereits Vergleiche zwischen stammes- und kulturgeschichtlicher Ritenbildung herangezogen (Koenig 1975, 14).

Aus dem Umgang mit dem künstlich und künstlerisch gesetzten Augenmotiv geht hervor, dass auch in der Wahrnehmung des Menschen die negativen, bedrohlichen Konnotationen des Augenkontaktes offenbar sehr präsent sind und gegenüber positiven sogar überwiegen. Otto Koenig geht darauf in seinem Kapitel über den „bösen Blick" ein (ebd., 103ff.).

Eine gemeinsame Funktion zu finden, ist nicht nur der Gliederung der Materialfülle zuträglich, sondern erfüllt auch die Bedingungen, einer konvergenten Entwicklung zur Universalie auf die Spur zu kommen. Vorkommen sowie formale Ähnlichkeiten des Motivs im Rahmen eines so weitreichenden Kulturenvergleichs sind allein wenig aussagekräftig. Eine Analogie liegt erst vor, wenn Ähnlichkeiten auch auf eine ähnliche Funktion schließen lassen. Und die Abwehr des Bösen Blickes wäre eine solche.

Die Frage bleibt, wie dies nachzuweisen ist. Bevor der Leser in die ungeheure Materialfülle der großen Monographie eintaucht, ist es gut, wenn er länger bei den Anfangskapiteln verweilt. Otto Koenig fächert in Kapitel 9 („Magische Abwehrtaktik") die Facetten des Verhaltens auf, die auch dem Menschen im Umgang mit Feinden (agonales Verhalten) zur Verfügung stehen und erwähnt hier etwa das Imponieren, Ablenken, Verschleiern, Verspotten, Erschrecken, Überraschen, Verbergen und Sichern (ebd., 112). Dies einem einzelnen Motiv durchwegs zu unterstellen, das oft nur noch als archäologisches Relikt greifbar ist, bedarf allerdings einiger Interpretationsarbeit und ist nur über vielfältige Umwege zu erreichen. Hier muss von Koenig eine große, weit allgemeinere Kulturgeschichte aufgefahren werden, die dem Namen Kulturethologie alle Ehre macht.

Auf das Auge selbst trifft am besten die Schutzfunktion des Amulettes zu, die Koenig aus der volksmedizinischen Regel *similia similibus* herleitet. Es sei nichts als naheliegend, dass der Mensch „gegen den ‚bösen Blick' [...] mit Amuletten in Augengestalt zu Felde zieht, womit er auf kultureller Basis analog einem Tier verfährt, das auf phylogenetischem Wege abschreckende Augenmuster herausdifferenziert hat" (ebd., 124). Hierin erfüllt das Motiv, gewissermaßen als „Auge gegen Auge", zunächst die Taktik des Blick-Einfangens und -Ablenkens, um in den Vorteil des Erst-Augenkontaktes zu kommen. Eine Daueraufgabe besteht dann darin, den Blick des Anderen auf diese Weise festzuhalten und zu bannen, bevor dieser Schaden anrichten kann. Es kommen ferner die Taktiken des „prophylaktischen Abschreckens" im Kontext der Schreckfratzen und des Maskenbrauchtums hinzu sowie der anthropomorphisierende Gedanke einer Optimierung des Sehvermögens bei Anbringung der Augenzeichen auf dem Schiffsbug und auf Kühlerhauben von Automobilen (ebd., 125).

5 Zwischen Augenform und Wirkungsmagie: das Auge als Ornament und Amulett

Der Gedanke, das Augenmotiv als eines der frühesten Motive der bildenden Kunst sowie als „Wurzel jeglicher Ornamentik" zu bezeichnen, geht wohl vielen Lesern etwas zu weit (ebd., 124). Glaubwürdiger ist Koenigs Argument der Rundgestalt, deren geschlossene Gleichförmigkeit und Radiärsymmetrie der Gestaltwahrnehmung des Auges aufs Beste entgegenkommt (ebd., 73, 204, 226, 237). Es bedarf schon der Begründung als Amulett, um die Fülle des hierzu angeführten Materials nicht als beliebig oder trivial erscheinen zu lassen. Letztlich ist dies aber auch die Krux des Schutz- und Abwehrgedankens selbst, denn es ist schwer zu widerlegen, warum ein Ort, ein Objekt, eine Person oder ein Körperteil nicht geschützt werden sollte. Koenig selbst spricht von einer „Vermassung von Abwehrornamenten" (ebd., 130). Der Umkehrschluss hätte dann wohl zuzulassen, dass überall, wo ein Auge ist, von einer Gefahr auszugehen sei, die gebannt werden muss beziehungsweise musste. Dem Thema kommt also sehr zustatten, wenn es seine Anwendungsbereiche auf möglichst eindeutige Fälle eingrenzt. Der Kulturenvergleich stellt hier ein methodisch überzeugendes Hilfsmittel dar. Hier seien Anbringungsorte genannt, die diesen Anforderungen mit Sicherheit genügen.

Dazu gehören in verschiedenen Kulturen Gerätschaften, die direkt mit dem aversiven Geschehnis Kampf verbunden sind, wie Helme, Kampfschilde, Brustpanzer, zum Teil auch Waffen, wofür Otto Koenig bereits Beispiele anführt. Ergänzt seien hier die Kampfschilde der Dajak in Borneo mit ihren großen Augenzeichen oder die zu Augen reduzierten Tiki-Köpfe auf dem Schlagteil von Kriegskeulen der Marquesas-Inseln (Bodrogi 1981, 178).

Der menschliche Körper an sich ist verletzlich und schützenswert. Figuren der frühen Uruk-Zeit aus Eridu und Jalangac Tepe, die wohl als Fetische zu verstehen waren, sind oft mit Augenzeichen übersäht (Narr 1975, 154, Nr. 28 b,c). Am menschlichen Körper sind vor allem Rücken und Hinterkopf zu nennen, wofür Otto Koenig bereits verschiedene Beispiele gibt. San Frauen der Kalahari (Südafrika) tragen an ihren Perlenstirnbändern große kreisförmige Amulette, die wie ein drittes Auge anmuten.

Abb. 2: !Ko-San Frau, Botswana, mit Augenornament als Stirnamulett zum Schutz vor Krankheiten (Foto: Eibl-Eibesfeldt).

Es gibt auch magische Fetischfiguren der Boyo (Zaire), die am ganzen Körper, vor allem aber am Rückenteil mit Augenzeichen übersät sind (Rubin 1984, 64).

In allen Kulturen sind Heiligtümer Orte, die vor dem Eindringen unheilbringender Mächte geschützt werden, vor allem deren Außenseiten und Pforten. Augenzeichen über Eingängen werden im christlichen Bereich gerne als Auge-Gottes-Darstellungen eingeordnet, beziehen diese Deutung aber mit hoher Wahrscheinlichkeit aus der Autorität und Wächterfunktion des Auges beziehungsweise Blickes. Berühmt ist die Bodnath Stupa im Kathmandu-Tal mit ihrem Augenpaar unter der Kuppelbekrönung, die Koenig in seinem Text mit einer kleinen Zeichnung bedenkt (Koenig 1975, 422).[3] Augensymbole finden sich auch prominent am Fassadenteil des *Templo Mayor* in Mexiko-Stadt.

---

[3] Über der Orgel der Johanneskirche in Oberfischbach (Nordrhein-Westfalen, Deutschland) gibt es eine recht prominente Auge-Gottes-Darstellung, die völlig kirchlich eingedeutet ist.

Abb. 3: Deutlich betonte Augenzeichen am *Templo Mayor* in Mexiko-Stadt (Foto: Eibl-Eibefeldt).

Aber auch im Inneren von Kirchen und Heiligtümern findet das Motiv genügend Orte, die sich als unantastbar und schützenswert erweisen.

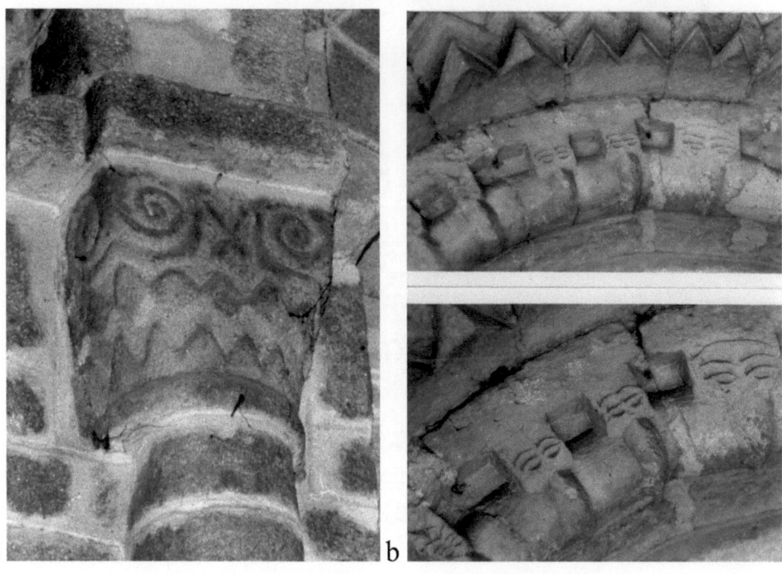

Abb. 4 a: Kapitell mit stilisierter Augenbildung über Zahnschema in der romanischen Kirche von Loctudy, Frankreich (Foto: Eibl-Eibesfeldt). b: Augenpaare am Torbogen des Südportals der Kirche St. Helen in Austerfield, England (Foto: Eibl-Eibesfeldt).

Dasselbe gilt insbesondere für Grabstätten. In aller Welt werden Gräber mit Schutzzeichen versehen, nicht nur, um die Totenruhe vor Störfaktoren zu bewahren, sondern auch, um die Lebenden vor den frei gewordenen Totenseelen und ihren Gelüsten zu schützen. Die Schutz- und Ahnenfiguren der Marind-anim im Süden West-Neuguineas sind nicht nur mit phallischem Gebaren, Spreizhaltung und abwehrenden Händen ausgestattet, sondern mit vielfachen Augenzeichen am Körper (Bodrogi 1981, Nr. 91). Die Häufung der apotropäischen Symbole ist ein typisches Merkmal solcher Figuren (siehe Kapitel 5.3 sowie Eibl-Eibesfeldt & Sütterlin 1992, 152). Die Mumie Schoschenqs II war mit einem Armreif geschmückt, der zum Schutz das Augenemblem des Horus (Udjat) trug.

Abb. 5: Horus-Augenemblem als Teil eines Schmucks auf der Mumie des Pharaos Schoschenq II (945–924 v. Chr.), Ägyptisches Museum Kairo (Foto: Sammlung Heymer).

Hauseingänge und Fenster als Einzugsgebiete feindlicher Kräfte sind auch im Profanbereich in vielen Kulturen mit Schutzzeichen aller Art versehen, daher spielt die Anbringung von Augensymbolen hier eine prominente Rolle.

a

b

Abb. 6 a: Schützende Augenzeichen auf einer Tür der Munda in Kamre, Indien.
b: Augenpaar seitlich einer Tür in Kathmandu, Nepal (Fotos: Eibl-Eibesfeldt).

Diskreter, aber nicht weniger häufig ist die Anbringung auf Gefäßen zur Aufbewahrung von Nahrung und Flüssigkeiten anzutreffen, ob für Mensch oder Tier, denn auch an der Gesundheit des Viehbestandes hing oft das Überleben von ganzen Familien und Siedlungen. Hier gilt wiederum die volle Breite des Kulturenvergleichs. Koenig geht in einem eigenen Kapitel „Gefäße" darauf ein (Koenig 1975, 339–344). Nur erwähnt seien hier die berühmten ostgriechischen Trinkschalen mit übergroßen paarweise angeordneten Augenmotiven, die Otto Koenig in seinem Bildteil anführt (ebd., Tafel 76, Nr. 1) sowie eine attische Halsamphora mit Silen-Maske zwischen monumental wirkendem Augenpaar aus dem 6. vorchristlichen Jahrhundert (Staatliche Antikensammlungen München), ferner Gefäße aus Nasca und Moche in Peru mit gehäuften oder paarweise angeordneten Augenzeichen.

Abb. 7: Flasche der Moche-Kultur mit paarweise angeordneten Augenmustern (Foto: Sammlung Eibl-Eibesfeldt).

Wiegen und Schlafstätten gehören ebenso in die Reihe schützenswerter Objekte. Nicht nur das kleine Kind ist schutzlos, auch der Erwachsene im Zustand des Schlafes. Im Wechsel mit Pentagramm, Drudenfuß und Spiegeln kam hier auch das Augenzeichen zum Einsatz. Hier sei vor allem auf volkskundliches Material verwiesen.

6 Modalitäten der Präsentation: die Gesichter der Ritualisierung

Die Tatsache, dass der Mensch von seinem Körper unabhängige Attrappen schaffen kann, mit welchen er kommuniziert, ja die Kommunikation gewissermaßen optimieren kann, verführt zu Formen der Darstellung, die im Rahmen des Kulturenvergleichs besondere Erwähnung verdienen. Dabei dürfte der inhaltliche Anteil an der Kraft- und Schutzfunktion des Augenmotivs aus der ethologischen Begründung seines Wirkungspotentials, wie von Otto Koenig erarbeitet, genügend Evidenz erfahren haben. Anbringungsort und Verwendungszweck tragen zur Bestimmung dieser Funktion im Wesentlichen bei. Von kulturethologischer Relevanz sind aber auch Faktoren, die das Motiv im Modus seiner Präsentation berücksichtigen und für eine Kulturen vergleichende Betrachtung von Konvergenzformen ergiebig machen. Hierzu gehören Faktoren wie Autonomie, Wiederholung, Übertreibung, Elaboration und Summationseffekte.

6.1 Vereinfachung, Autonomie und Wiederholung

An erster Stelle steht die Möglichkeit, das Motiv in Reduktion, also ohne körperlichen Kontext frei zu präsentieren und daraus eine klare, autonome und von ablenkenden Störfaktoren unbehelligte Wirkung zu erzielen, wie dies in der Darstellung des Horus-Auges auf der Ägyptischen Mumie eindrucksvoll zur Wirkung kommt und wie sie auch Amuletten zu eigen ist. Der Blick wird gleichsam als solcher inszeniert und verstärkt. Dies gehört zum Prinzip der Vereinfachung eines Schlüsselreizes zur Attrappe. Augenzeichen werden oft auf Zeremonialobjekten mit anderen apotropäischen Zeichen wie Hörnern und Flügeln angebracht (Eibl-Eibesfeldt & Sütterlin 1992, 106 und 108). Die Literatur zur Verwendung des Augenmotivs im Amulettgebrauch seit frühester Zeit ist reich (Seligmann 1910 und 1912; Contenau 1940; Engemann 1975). Durch Isolierung und Stilisierung wird ein weiterer Effekt ermöglicht, derjenige einer Präsentation in Reihung, was dem ritualisierenden Prinzip der Wiederholung entgegenkommt, so etwa prominent auf einer Schmetterlingsmaske aus der Bwa Region in Burkina Faso (Rietberg-Museum, Zürich), einem Hochseeboot der Insel Ali (Papua Neuguinea), das für das Völkerkundemuseum Dresden nachgebaut wurde, oder an einem Balinesischen Tempel.

Abb. 8: Reiheneffekt isoliert dargebotener großer Augenzeichen am Tempel Besakih in Klungkung, Bali, Indonesien. Die kleine und umkreiste Pupille trägt weiterhin zum Droheffekt des Auges bei (Foto: Sütterlin).

Im Amulettgebrauch kommt diese Wirkung am deutlichsten zur Entfaltung und findet eine breite Anwendung über die Kulturen hinweg (vgl. Abb. 5). Augenamulette werden weltweit als Schmuck und Anhänger getragen (vgl. Abb. 2). Aber vor allem in der modernen Kunst hat das Auge als singuläres Wirkmotiv seine alte Geltungshoheit wiedergefunden, denkt man an das Werk Paul Klees („Das Vorhaben" 1938, „Der Paukenspieler" 1940), Friedensreich Hundertwassers („Auge und Bart Gottes" 1965) oder die

Automatischen Zeichnungen mit singulären Augenmotiven von Ugo Dossi.

6.2 Akzentuierung und Übertreibung

Zu den Möglichkeiten der Elaboration, die ebenfalls auf direktem und einfachem Wege zu erreichen sind, gehören Betonung und Übertreibung. Dies kann im Kontext einer vollen Gesichtsdarstellung leichter erwirkt werden als in einer Augendarstellung per se. Hier wären die unzähligen magischen Figuren zu nennen, Fetische und Ahnenfiguren, die oft als Kultbilder und Wächter an geschützten Orten aufgestellt sind. Der Beispiele sind unzählige, sowohl aus dem afrikanischen wie vor allem ozeanischen Raum. Gerade die Wächterfiguren Rangda und Raksasa vor Balinesischen Tempeln fallen durch phantastisch übertriebene Drohaugenbildung auf.

Abb. 9: Figur der Hexe Rangda vor dem Tempel Pura Dalem Sidan in Bali, Indonesien (Foto: Sütterlin).

Das Schreckbild der Gorgo in seiner Kulturen übergreifendenden Universalität und Verbreitung ist hier präsent. Gorgo selbst mit ihren vorquellenden Augen ist ein Urbild aller Schreck- und Abwehrfratzen (Kohlbrugge 1926; Eibl-Eibesfeldt & Sütterlin 1992; Sütterlin 1992 und 1995).

Erwähnenswert ist auch die Giebelfigur am Versammlungshaus Rauru der Maori (Neuseeland), heute Bestand des Museums für Völkerkunde in Hamburg. Sie steht auf einer Giebelmaske, deren Typus im Inneren des Kulthauses mehrfache Wiederholung findet. So auch im *Meeting House* der Maori in Waitangi, Neuseeland.

Abb. 10: Wandhohe geschnitzte Hockerfigur im Waitangi *Meeting House* der Maori mit mehrfachen apotropäischen Merkmalen wie starr aufgerissenen Augen, gestreckter Zunge und genitaler Präsentierposition (Foto: Eibl-Eibesfeldt).

Breit ist das Vorkommen auch bei Idolen und Kultfiguren weniger kolossalen Ausmaßes und bei den Masken weltweit.

Abb. 11: Büffelmaske der Baule, Elfenbeinküste. Die mehrfach betonten Augen nehmen den optisch wichtigsten Teil der Maske ein (Foto: Sammlung Galerie Sonnenfels, Wien).

Die Augen werden oft in einem Ausmaß betont, das die Magie der Droh- und Distanzwirkung beschwört, wie auf den berühmten Zeremonialschildern des Sepik-Gebiets, die man im Berliner Ethnologischen Museum bewundern kann. Kreisförmige Mehrfachumrandungen steigern dabei die Wirkung ins Hypnotische (Eibl-Eibesfeldt & Sütterlin 1992, 311).

Eingelegte Augen spielen in sehr vielen, auch frühen Kultfigurdarstellungen eine Rolle, da sie unmittelbar aufmerksamkeitsbindend sind und den Effekt des dominanten Auges, also des Ehrfurcht Gebietenden, erhöhen. Kultstatuetten aus der frühdynastischen Zeit Sumers (heute Irak) zeigen sie ebenso wie Ägyptische Herrscher- und Priesterstatuen (Orthmann 1985, Tafeln II-IV; Vandersleyen 1985, Nr. 137 b, 143 b). „Stechende" (einge- legte) Augen besitzt auch eine vor wenigen Jahren ausgegrabene Hethiti- sche Kolossalfigur aus Tayinat (Süddeutsche Zeitung 1.8.2012, 18).

6.3 Merkmalsverbände, Kombinationen und Summationseffekte

Viele der bereits erwähnten Bildungen zeichnen sich durch eine weitere signifikante Eigenschaft aus. Sie bieten eine Kombination von Merkmalen an, die immer wieder in ähnlichem Verband vorkommen und sich funktionell wie semantisch ergänzen. Sowohl die Giebelfigur des Rauru- als auch die Hockerfigur des Waitangi-Versammlungshauses und die Balinesische Rangda verbinden die prominente Augendarstellung gleich mit mehreren ähnlichen Aspekten des apotropäischen Ausdruck-Repertoires, die sie als Schutz- und Abwehrfiguren kennzeichnen (Eibl-Eibesfeldt & Sütterlin 1992, 148f.). Dazu gehören die weit herausgestreckte Zunge, ausgestellte Zähne, genitale Exposition oder das Tragen von Waffen (Langkeule der Rauru-Figur). Auch die zur Abwehr erhobenen Hände (Rangda) gehören in diesen Verband von Zeichen, die im Einzelnen austauschbar sein mögen, aber immer in gleicher Kombination vorkommen. In Loctudy (Abb. 4a) koppelt sich das Auge an das Zahnschema, was semantisch als Bestätigung und Verstärkung bezeichnet werden kann. Der Beispiele sind die Fülle. Es handelt sich um eine Präsentation addierter Droh- und Imponiermerkmale, wie sie im natürlichen Vorkommen nur schwer vorstellbar ist – es sei denn an einem Wesen in höchstem Erregungszustand.

Konrad Lorenz spricht an einer Stelle seiner Schrift über Ritenbildung davon, dass neue autonome Bewegungskoordinationen des Ritus dadurch entstehen, dass „eine Reihe von Bewegungsweisen, die ursprünglich unabhängig voneinander variabel sind und nur in losem Zusammenhang miteinander stehen, zu einem einzigen, streng festgelegten Verhaltensmuster zusammengeschweißt werden" (Lorenz 1966, 11). Der Ritualisierungsvorgang bezieht sich hier auf das Verhalten bei Entenvögeln, weist aber Muster auf, die für die Ritenbildung allgemein Geltung besitzen. Kulturelle Ritualisierungsformen gehen offenbar ähnliche Wege wie natürliche. – Es ist ja schwer vorstellbar, dass ein ganzer Verband von Ausdrucksformen oder -zeichen in Tradition oder Imitation kulturell übernommen wird, wenn er nicht eine grundlegende Resonanz in unserer semantisch wertenden Wahrnehmung fände. Es ist wohl denkbar, dass einzelne bildnerische Effekte auch eine imitatorische Verbreitung finden, aber nie zwingend, dass ganze Zeichenverbände in ähnlicher Verknüpfung nachgebildet werden. Der Mensch wandelt kulturell ab, was nur immer abzuwandeln ist. Konservatismen dieser Art sind als Zeugen der Ritualisierung unter dem Aspekt der evolutiven Bewährung zu hinterfragen. Dass man sich imaginä-

ren ‚bösen Mächten' gegenüber ähnlich verhält wie gegenüber einem natürlichen Feind, nämlich drohend und imponierend, kann auf eine lange
Erfolgsgeschichte in der sozialen Kommunikation zurückgreifen. Und dass
der Mensch sich kulturelle Attrappen dafür baut, die das natürliche Verhalten optimieren, liegt nahe. Hier spielt kultureller Austausch wohl weniger
eine Rolle als dass breite Vorkommen dieser Art in verschiedenen Kulturen unabhängig voneinander in Konvergenz entstanden sind. Es werden
keine beliebigen Mimiken und Gesten kombiniert, sondern samt und son-
ders apotropäische. Dies verstärkt summativ die Nachricht. Von Reiz-
summenregel spricht bereits Alfred Seitz (1940), und Konrad Lorenz
nimmt es auf (Lorenz 1956, 212).

Otto Koenig spricht das Phänomen in seiner Monographie an. Zunächst als
ethologisches Phänomen nach Seitz, aber auch als eine kulturelle Möglichkeit der optimierenden Umweltgestaltung (Koenig 1975, 94 und 426).
Das Prinzip des „Lebensbaumes", das Koenig hier heranzieht, besteht
darin, verschiedene Elemente der Volkskunst ornamental so zusammenzu-
fassen, dass daraus eine einheitliche neue Wirkfigur entsteht. Sie ist für
Komplizierungen und Vervielfältigungen, das heißt Luxurierung, offen.
Dieser Gedanke am Ende des Buches fasst vieles von dem zusammen, was
Otto Koenig an Argumenten entfaltet hat. Das Urmotiv Auge ist für ihn
eines der Elemente, die sich sowohl zur symbolhaften Vereinfachung und
Autonomie wie zur kulturellen Anreicherung eignen. Dies wären dann
zugleich Verlaufsformen des kulturhistorischen Wandels. Auf Lorenz, der
bereits 1956 darauf zu sprechen kommt, beruft er sich hier nicht, aber an
dieser Stelle begegnen sich wohl verwandte Geister.

7 Literatur

7.1 Zitierte Literatur

Ambady, N., Rosenthal, R. 1992: Thin slices of expressive behavior as
predictors of interpersonal consequences: A meta-analysis. – In:
Psychological Bulletin 111 (2), 256–274.
Blais, C., Jack, R. E., Scheepers, C., Fiset, D., Caldara, R. 2008: Culture
shapes how we look at faces. – In: PLoS ONE 3 (8), e3022. doi:
10.1371/journal.pone.0003022.
Blest, A. D. 1957: The function of eyespot patterns in the Lepidoptera. –
In: Behaviour 11 (2/3), 209–256.

Bodrogi, T. (Hg.) 1981: Stammeskunst. Band 1: Australien, Ozeanien, Afrika. Aus dem Ungarischen übertragen von M. Esterházy. Corvina Kiadó. Budapest.

Contenau, G. 1940: La divination chez les Assyriens et les Babyloniens. (= Bibliothèque historique). Payot. Paris.

Coss, R. 1968: The ethological command in art. – In: Leonardo 1 (3), 273–287.

Coss, R. 1974: Reflections on the Evil Eye. – In: Human Behavior 3 (10), 16–22.

Eibl-Eibesfeldt, I. [6]1980 [[1]1967]: Grundriss der vergleichenden Verhaltensforschung. Piper. München.

Eibl-Eibesfeldt, I. [5]2004 [[1]1984]: Die Biologie menschlichen Verhaltens. Grundriss der Humanethologie. Piper. München.

Eibl-Eibesfeldt, I., Sütterlin, C. 1992: Im Banne der Angst. Zur Natur- und Kunstgeschichte menschlicher Abwehrsymbolik. Piper. München.

Eibl-Eibesfeldt, I., Wickler, W. 1968: Die ethologische Deutung einiger Wächterfiguren auf Bali. – In: Zeitschrift für Tierpsychologie 25 (6), 719–726.

Ekman, P., Friesen, W. V. 1975: Unmasking the face. Prentice Hall. Englewood Cliffs, NJ.

Engemann, J. 1975: Zur Verbreitung magischer Übelabwehr in der nichtchristlichen und christlichen Spätantike. – In: Jahrbuch für Antike und Christentum 18, 22–48.

Freedman, D. G. 1964: Smiling in blind infants and the issue of innate vs. acquired. – In: Journal of Child Psychology and Psychiatry 5 (3-4), 171–184.

Gehlen, A. 1940: Der Mensch, seine Natur und seine Stellung in der Welt. Junker und Dünnhaupt. Berlin.

Huxley, J. S. 1966: A Discussion on ritualization of behavior in animals and man. – In: Philosophical Transactions of the Royal Society of London, Series B 251 (772), 247–256.

Koenig, O. 1975: Urmotiv Auge. Neuentdeckte Grundzüge menschlichen Verhaltens. Piper. München.

Koenig, O. 1978: Das Auge als biologische Wurzel kultureller Phänomene. – In: Stamm, R. A., Zeier, H. (Hg.), Lorenz und die Folgen. Tierpsychologie, Verhaltensforschung, physiologische Psychologie. (= Die Psychologie des 20. Jahrhunderts 6). Kindler. Zürich, 495–504.

Kohlbrugge, J. H. F. 1926: Tier- und Menschenantlitz als Abwehrzauber. Schroeder. Bonn.

Lorenz, K. 1956: Zur Entwicklungsgeschichte einer neueren Forschungsrichtung der Biologie – In: Rajewsky, B., Schreiber, G. (Hg.), Aus der deutschen Forschung der letzten Dezennien. Dr. Ernst Telschow zum 65. Geburtstag gewidmet. Thieme. Stuttgart, 208–214.

Lorenz, K. 1965: Über tierisches und menschliches Verhalten. Aus dem Werdegang der Verhaltenslehre. Gesammelte Abhandlungen. Piper. München.

Lorenz, K. 1966: Stammes- und kulturgeschichtliche Ritenbildung. – In: Mitteilungen aus der Max-Planck-Gesellschaft 1, 3–30.

Markl, H. 1998: Homo sapiens. Zur fortwirkenden Naturgeschichte des Menschen. – In: Merkur 52, 564–581.

Narr, K. J. 1975: Jüngere Steinzeit und Steinkupferzeit. Frühe Bodenbau- und Viehzuchtkulturen. (= Handbuch der Urgeschichte 2). Francke. Bern.

Orthmann, W. 1985: Der alte Orient. (= Propyläen Kunstgeschichte 18). Propyläen. Berlin.

Rensch, B. [2]1965 [[1]1959]: Homo sapiens. Vom Tier zum Halbgott. Vandenhoeck & Ruprecht. Göttingen.

Rubin, W. S. (Hg.) 1984: Primitivismus in der Kunst des zwanzigsten Jahrhunderts. Prestel. München.

Schleidt, W. 1962: Die historische Entwicklung der Begriffe „Angeborenes auslösendes Schema" und „Angeborener Auslösemechanismus" in der Ethologie. – In: Zeitschrift für Tierpsychologie 19 (6), 697–722.

Schlosser, K. 1952: Der Signalismus in der Kunst der Naturvölker. Biologisch-psychologische Gesetzlichkeiten in den Abweichungen von der Norm des Vorbildes. Mühlau. Kiel.

Seitz, A. 1940: Die Paarbildung bei einigen Cichliden. – In: Zeitschrift für Tierpsychologie 4 (1), 40–84.

Seligmann, S. 1910: Der böse Blick und Verwandtes. Ein Beitrag zur Geschichte des Aberglaubens aller Zeiten und Völker. 2 Bände. Barsdorf. Berlin.

Seligmann, S. 1912: Antike Malocchio-Darstellungen. – In: Archiv für Geschichte der Medizin 6 (2), 94–119.

Sütterlin, C. 1992: Schreck-Gesichter. Symbole des magischen Alltags. – In: Blaschitz, G., Hundsbichler, H., Jaritz, G., Vavra, E. (Hg.),

Symbole des Alltags. Alltag der Symbole. Festschrift für Harry Kühnel zum 65. Geburtstag. Akademische Druck- und Verlagsanstalt. Graz, 517–554.

Sütterlin, C. 1995: Das Haupt der Medusa: Schreck-Gesichter im Kulturenvergleich. – In: Figge, U. L. (Hg.), Mosaik. Die Kultur und ihre Evolution in humanethologischer und semiotischer Perspektive (Acta Colloquii). Brockmeyer. Bochum, 53–85.

Uher, J. 1990: Die Ästhetik von Zickzack und Welle. Ethologische Aspekte der Wirkung linearer Muster. Dissertation. Ludwig-Maximilians-Universität München.

Vandersleyen, C. 1985: Das alte Ägypten. (= Propyläen Kunstgeschichte 17). Propyläen. Berlin.

Waters, W., Matas, L., Sroufe, L. A. 1975: Infant's reactions to an approaching stranger: Description, validation and functional significance of wariness. – In: Child Development 46, 348–356.

Wickler, W. 1968: Mimikry. Signalfälschung in der Natur. Kindler. München.

Willey, G. R. 1985: Das alte Amerika. (= Propyläen Kunstgeschichte 19). Propyläen. Berlin.

Yarbus, A. L. 1967: Eye movements and vision. Translation from Russian by B. Haigh. Plenum Press. New York, NY.

7.2 *Weiterführende Literatur:*

Coss, R. 1965: Mood provoking visual stimuli, their origins and applications. Industrial Design Graduate Program, University of California. Los Angeles, CA.

Eibl-Eibesfeldt, I. 1970: Männliche und weibliche Schutzamulette im modernen Japan. – In: Homo 21, 175–188.

Eibl-Eibesfeldt, I., Sütterlin, C. [2]2008: Weltsprache Kunst. Zur Natur- und Kunstgeschichte bildlicher Kommunikation. Brandstätter. Wien.

Koenig, O. 1970: Kultur und Verhaltensforschung. Einführung in die Kulturethologie. DTV. München.

Morris, D. 1963: Biologie der Kunst. Ein Beitrag zur Untersuchung bildnerischer Verhaltensweisen bei Menschenaffen und zur Grundlagenforschung der Kunst. Rauch. Düsseldorf.

Rensch, B. 1958: Die Wirksamkeit ästhetischer Faktoren bei Wirbeltieren. – In: Zeitschrift für Tierpsychologie 15 (4), 447–461.

Hans-Christoph Winkler

Die Ideenwelt Otto Koenigs aus heutiger Sicht

Zusammenfassung

Die wichtigsten Ideen Otto Koenigs betreffen die vergleichende Betrachtung tierischen und menschlichen Verhaltens, den Zusammenhang zwischen Ökologie und Verhalten und sein Engagement für den Schutz der Natur. Sein größter Wurf war die Kulturethologie. Diese Ideen sind aus dem Kontext seiner eigenen persönlichen Geschichte entstanden. Vieles war allerdings schon von jeher umstritten. All die Probleme, zu deren Lösung Otto Koenig beitragen wollte, sind bis heute aktuell. Der interdisziplinäre Dialog bei den Matreier Gesprächen scheint allerdings an den modernen Entwicklungen vorbei zu gehen. Es gibt aber durchaus Argumente dafür, ihn weiterzuführen, was allerdings eine theoretische Neupositionierung verlangen würde. Die könnte in Form einer Metatheorie geschichtlicher Prozesse umgesetzt werden.

1 Einleitung

Ich trete mit gemischten Gefühlen an die Aufgabe heran, Otto Koenigs Werk aus der Sicht eines Biologen der nächsten Generation in einen allgemeineren Kontext zu stellen. Obwohl immer an Wissenschaftstheorie und psychologischer und soziologischer Bedingtheit wissenschaftlichen Treibens interessiert, bin ich kein kompetenter Psychologe, Philosoph oder Historiker. Meine Beziehung zu Otto Koenig begann als jugendlicher Fernsehzuschauer, fand in einer kurzen Periode als sein Mitarbeiter ihren Höhepunkt und setzte sich schließlich in der unmittelbaren Nachfolge am Wilhelminenberg fort. Intensive Diskussionen mit Otto Koenig und viele gemeinsame Interessen prägten meine erste Zeit am Wilhelminenberg. Hier begann ich auch zu erahnen, wie die Gedanken und Ideen Koenigs eng mit seinem persönlichen Werdegang, seiner Umgebung und seiner öffentlichen Rolle verflochten waren. Und ich lernte, wie manch andere, auch die unleugbaren Schattenseiten seiner intensiven Persönlichkeit kennen. All das kann ich in einem so kurzen Aufsatz wie diesem nur unzulänglich ansprechen. Dieser Text ist daher weniger als profunde Analyse gedacht, sondern mehr als Anregung für Personen, die sich kompetenter mit dem Thema beschäftigen wollen.

Die Tatsache schließlich, dass in den „Matreier Gesprächen" viel von Koenigs Ein- und Ansichten nachwirkt, veranlasst mich, in den folgenden Betrachtungen auch jene Aspekte anzusprechen, die ich für den interdisziplinären Diskurs zwischen Evolutionsbiologie und diversen Geisteswissenschaften als wesentlich erachte. Ich werde versuchen aufzuzeigen, dass zwar Manches bei Koenig, das heute ganz anders gesehen wird, aus seiner wissenschaftlichen Umgebung stammt, aber Vieles auch seiner persönlichen und in mancherlei Hinsicht schon immer problematischen Auffassung von Wissenschaft entsprang.

2 „Die wachsende Seele"

Es war 1946, als man auf dem Wilhelminenberg das zentrale Thema der künftigen Forschung in diese drei Worte goss (Otto Koenig im Gespräch mit Kurt Mündl; Mündl 1991, 113f.). Damit sollte der phylogenetische Zusammenhang zwischen Tier und Mensch auch bezüglich des Verhaltens zum Ausdruck kommen, und man wollte damit das Ziel, vom Tier zum Menschen vorzudringen, artikulieren. Mit Wachsen meinte man weniger das individuelle Werden, sondern die Stammesgeschichte des angeborenen Verhaltens. Aus diesem ehrgeizigen Konzept erwuchs keine kritische Methodologie; es diente aber von Beginn an dazu, die Vielfalt der Untersuchungsobjekte zu rechtfertigen.

Konrad Lorenz formulierte es so: „Der Weg zum Verständnis des Menschen führt genau ebenso über das Verständnis des Tieres, wie ohne Zweifel der Weg der Entstehung des Menschen über das Tier geführt hat" (Lorenz 1949). Für Koenig war es daher auch selbstverständlich, Bewusstsein als graduell im Laufe der Evolution entstanden zu sehen (z. B. Koenig 1949). Das Interpretieren ging von einem weiteren Diktum aus, nämlich dem, die Anpassungen im Verhalten des Menschen stammten aus dessen Jäger- und Sammler-Vergangenheit und könnten mit der rasanten Entwicklung der Zivilisation nicht mithalten.

Für Otto Koenig war der Mensch ein Bündel aus archaischen Verhaltens- und Betrachtungsweisen, die ihm in der Urzeit ermöglichten, genau das zu tun, was für die Art am sinnvollsten war. Über zigtausende Generationen Altsteinzeit sei er ein tagaktives Kleingruppenwesen gewesen, das ein

Revier verteidigte, in der Familie lebte, jagte und sammelte und sich in der Nacht in eine Höhle zurückzog. Die Vergleichende Verhaltensforschung setze an den damals entstandenen, in uns genetisch fest verankerten Anpassungen an (Mündl 1991, 139f.). Auch sein großes Vorbild Konrad Lorenz entwarf ein derartiges Bild vom Menschen. Genetischer Determinismus und grundlegendes Missverständnis evolutiver Prozesse, einschließlich derer, die den Menschen betreffen, werden bei beiden sichtbar. Koenig meinte wohl, dass die Evolution nach der Altsteinzeit nicht ganz aufgehört habe, aber immerhin so langsam verlaufen sei, dass man sie für die Interpretation des Verhaltens moderner Menschen vernachlässigen könne. Er konzentrierte sich auf die Phylogenie, die er für starr und wissenschaftlich beschreibbar, aber nicht erklärbar hielt (Mündl 1991, 143), und vernachlässigte weitgehend andere evolutionsbiologische Konzepte. Die Selektionstheorie spielte eine nur marginale Rolle. Vielleicht zeugt die Aussage Trumlers (1947) von dem am Wilhelminenberg allgemein vorherrschenden Misstrauen gegenüber dem Erklärungswert dieser Theorie: „Es hat sich ja erwiesen, dass man weder auf neulamarckistischer und vitalistischer, noch auf selektionistischer und mechanistischer Extremisierung zu einer befriedigenden Lösung kommen kann." Otto Koenig hielt das Konzept von der stammesgeschichtlichen Bedingtheit menschlichen Verhaltens folgerichtig durch und suchte Kontakt und Auseinandersetzung mit Psychologie, Kinderpsychologie, Volks- und Völkerkunde. Diese Bemühungen wurden 1967 gekrönt, als die Wilhelminenberger Anstalt zu einem Institut der Österreichischen Wissenschaften im Kompetenzbereich sowohl der geisteswissenschaftlichen als auch der naturwissenschaftlichen Klasse wurde; gelebte Interdisziplinarität, die mir nun ausgestorben scheint.

Heute durchdringt der evolutionäre Ansatz, ohne Rückgriff auf Otto Koenig, Anthropologie, Archäologie, Psychologie und Medizin, einschließlich Psychiatrie und Ökonomie. Zahlreiche Buchtitel und spezialisierte Fachzeitschriften belegen dies.

Seltsamerweise hält sich die Vorstellung, modernes menschliches Verhalten sei aus der Jäger- und Sammlerperiode zu erklären, vielfach bis heute in der evolutionären Anthropologie und Psychologie (Lee 1992; Gat 2000; Silverman et al. 2000; Marlowe 2005). Jäger und Sammler waren immer schon kulturell divers und ihre Sozialstruktur sicherlich nicht auf eine territoriale, patriarchische Familie beschränkt (Bordes & de Sonneville-Bordes 1970; Hamilton et al. 2007; Walker et al. 2011; Dyble et al. 2015), wie dies Koenig ohne Angabe von Belegen behauptete (vgl. auch Koenig 1970, 178 und 244). Selbst die Behausungen waren sowohl bei unseren Primatenvorfahren als auch in der Altsteinzeit sehr divers und nicht auf Höhlen beschränkt (Kappeler 1998; Nadel et al. 2004).

Die evolutionäre Geschichte des Menschen hat vor Milliarden von Jahren begonnen und hält bis heute an. Gerade dieser letzte Punkt wird seit Darwin für den Menschen bezweifelt. Bis heute nehmen selbst Leute, die den erklärenden Wert der Abstammungstheorie für Menschen anerkennen, wegen der enormen Plastizität des Menschen und seiner Zivilisation nur mehr schwache selektive Kräfte und somit praktischen Stillstand oder gar Fehlentwicklungen in seiner Evolution an (Lorenz 1973a; Smith et al. 2001).

Die Evolution der menschlichen Hirngröße war bis vor etwa 200.000 Jahren langsam und nahm ab da rasant zu (Lee & Wolpoff 2003). Mit der von Afrika ausgehenden Ausbreitung der Menschheit vor etwa 60.000 Jahren und der unterschiedlichen Formen des Lebensunterhalts gingen zahlreiche populationsgenetische Änderungen bezüglich Stoffwechsel, Haut-, Augen- und Haarfarbe einher (z. B. Hancock et al. 2011). Kultur hat die genetische Evolution in den letzten 100.000 Jahren nicht gebremst. Im Gegenteil, die Evolutionsraten sind seit dem Neolithikum mehr als hundertfach höher als zuvor (Hawks et al. 2007). Es ist hier nicht der Raum, näher auf die sich mehrenden Ergebnisse einzugehen, die populationsgenetische Veränderungen in den letzten 5000 Jahren bis in die jüngere Vergangenheit nachweisen. Das Resümee jedenfalls ist, die Evolution des Menschen geht weiter!

Heutige evolutionsbiologische Analysen menschlichen Verhaltens unterscheiden sich von jenen Koenigs ganz wesentlich durch ihr weitgehend hypothetisch-deduktives Vorgehen und wegen der Rolle, die sie adaptionistischen Argumenten einräumen. Durch die umfassende Einbeziehung evolutionsbiologischer Konzepte, in Ansätzen eingeleitet durch Tinbergen (1963), reifte auch die Ethologie zu einer vollen naturwissenschaftlichen Disziplin heran (Nesse & Lloyd 1992). Während sich Koenig weitgehend auf die Stammesgeschichte beschränkte und mit der Erhaltung der Art und artspezifischem Verhalten argumentierte, interessieren heute zusätzlich individuelle Selektion und andere evolutionsbiologische Phänomene. Selbstverständlich beschreiben Wissenschaftler Phylogenien nicht, sondern rekonstruieren und erklären sie und unterziehen ihre Hypothesen rigorosen Tests (Theobald 2010).

Die innerartliche Variation hat nun ihren richtigen Stellenwert, der im typologischen und daher ganz und gar nicht Darwin verpflichteten Weltbild der beiden Österreicher fast untergegangen war. Die Debatte über menschliches Verhalten, zu dem die Evolutionsbiologie laufend neue Sichtweisen beiträgt, ist weiterhin heftig und wird dies auch noch für einige Zeit bleiben, da insbesondere der Fortschritt der Neurowissenschaften eine Fülle von Daten generiert, die eine laufende Nachjustierung unseres Bildes vom Menschen erzwingt (Roth 2013). Der Mensch-Tier-Vergleich berücksichtigt noch immer zu wenig die innerartliche Variation (Winkler 2007) und scheut sich die brisanten Konsequenzen zu akzeptieren, die sich aus nicht-typologischen Vergleichen ergeben (Singer 2009).

3 Wissenschaft

Zitate aus dem Film „Otto Koenig – Biographie – ein Forscherleben"[1] bezeugen sein Menschenbild und durch Inhalt und Wortwahl auch seine Grundeinstellung zur Wissenschaft: „Denn alle Gottvorstellungen und alle Aberglaubenserscheinungen […] geht immer darauf hinaus, die Kleinfamilie mit dem *pater familiaris* herzustellen. Jemand, zu dem ich gehen kann, den ich fragen kann, der mir Antwort gibt." Mit dieser Ansicht war auch die Idee verbunden, dass der Mann diese Familie und ihr Territorium verteidigt. Der Mann verteidigt, ist kreativ, schafft die primären Würfe, während die Frau strukturiert und ausgleicht (ebd. im Zusammenhang mit Aussagen zu seiner Beziehung zu seiner Frau). Dass hier nicht Ergebnisse wissenschaftlicher Forschung präsentiert werden, dürfte nicht schwer nachzuweisen sein. Hier wird ein gesellschaftliches, weitgehend normatives Ideal, wie es zur Zeit seiner Jugend propagiert wurde (Poehlmann 1914), mit ein wenig Römerverehrung als wissenschaftliche Gegebenheit formuliert. Diese Zitate lassen auch einen Blick auf Koenigs Auffassung von Wissenschaft zu. Gemäß dieser kann der Wissenschaftler-Patriarch nicht einfach Hypothesen von eingeschränkter Allgemeingültigkeit im Konjunktiv und ohne „alle", „immer" und dergleichen formulieren. Mes-

---

[1] Institut für den wissenschaftlichen Film (IWF) 1993: Otto Koenig – Biographie – ein Forscherleben. Göttingen. – Abrufbar auf: https://www.youtube.com/ watch?v=22-ZQf00my4 (Zugriff: 31.10.2015).

sen und Wägen signalisieren da vielleicht nur einen Mangel an Urteilssicherheit (Koenig 1969, 15). Beweis und Interpretation gehen ineinander über (Mündl 1991, 188): „Allein die menschliche Reaktion auf Farben beweist unser Verhaftetsein in altüberkommenen angeborenen Einstellungen. Rot ist vorgegebene Blut- und damit Warnfarbe, Rot wirkt alarmierend auf uns und dient als Warnfarbe. Schwarz erinnert [...] an Finsternis und Macht [...] Elitetruppen wurden bevorzugt schwarz uniformiert."

Die hervorragenden Leistungen der Wiener Wissenschafts- und Erkenntnistheoretiker in der ersten Hälfte des 20. Jahrhunderts (vgl. Kandel 2012) gingen an Koenig vollständig vorbei. Induktiver Umgang mit Beobachtetem und die hohe Kunst des Interpretierens, Einordnung von Fakten in ein vorgegebenes Erklärungssystem ohne dieses zu hinterfragen, herrschten vor. Das war bei den Morphologen und Paläontologen der damaligen Zeit gang und gäbe, wenn sie von Formen auf Funktionen schlossen. In der zweiten Hälfte des Jahrhunderts wurde dies ausdrücklich infrage gestellt und thematisiert, dass eine Form oder ein Verhalten unterschiedliche Funktionen oder Bedeutungen haben können und umgekehrt (Bock & Wahlert 1965; Lauder 1995; Boesch 2003).

Koenig sah sich wohl in der oben charakterisierten patriarchalischen Rolle. Die war aber gegenüber jungen Studenten und Akademikern nicht lange durchzuhalten, und Koenig wurde von einem in der zeitgenössischen Wissenschaft zunächst gut eingebetteten und mit ihren Vertretern gut vernetzten originellen Denker, der anfangs auch den universitären Kollegen im Wien der Nachkriegszeit mehr als ebenbürtig war, zu einem sich allmählich sowohl intellektuell, als auch physisch isolierenden Einzelkämpfer – das nicht ohne Charisma und zahlreiche Ausweichmanöver im Zickzackkurs zwischen Natur- und Geisteswissenschaften bei prinzipiell ungebrochener Kreativität. Es entsprach ganz seinem Naturell, die wachsende Entfremdung von der allgemeinen wissenschaftlichen Entwicklung nicht demütig hinzunehmen. Vielmehr versuchte er seine Vorgangsweise zu idealisieren und sich als *arbiter elegantiarum* der Wissenschaften *nec pluribus impar* und andere als selbsternannte Fachleute zu sehen. Wissenschaft bedeutete für Otto Koenig nicht Handwerk, sondern von früher Jugend an gewachsene Leidenschaft, und akademische Ausbildung tat er als bestenfalls nützliche Übung ab beziehungsweise meinte wider besseres Wissen, moderne Forscher seien primär in Hörsälen geprägt worden (Mündl 1991, 86 und 132).

Aus persönlichen Diskussionen mit Otto Koenig habe ich einen weiteren Aspekt seiner Sicht von Wissenschaft mitbekommen, nämlich die unhaltbare Auffassung, wissenschaftliche Disziplinen seien nicht durch ihren Forschungsgegenstand, sondern durch ihre Methoden abzugrenzen (Koenig 1970, 32). Daher war jedwedes vergleichendes Vorgehen „Ethologie" und das ungeachtet der Tatsache, dass diese Art von Vergleichen der Morphologie entsprang (Müller 2001) und daher alles Vergleichen „Morphologie" zu nennen wäre.

4 Das Aktionssystem und die Etho-Ökologie

4.1 Das „Aktionssystem"

Dieser auf Jennings (1906) zurückgehende Begriff spielte im Denken und in der Arbeit von Otto und Lilli Koenig eine wichtige Rolle. Jennings arbeitete vorwiegend an Einzellern und postulierte, dass jeder Organismus gewisse charakteristische Weisen zu agieren besitze, die weitgehend von seiner körperlichen Struktur abhängen und seine Aktionen unter verschiedensten Bedingungen limitieren. Er meinte auch, dass Verhalten nicht auf Tropismen oder Verkettungen oder Hierarchien derselben oder auf Reflexe und deren Verkettungen reduziert werden kann. Das Aktionssystem bildete den theoretischen Hintergrund für die in den Anfangszeiten der Ethologie als wesentlich eingestuften Ethogramme oder Verhaltensinventare (Eibl-Eibesfeldt 1967). Jennings betonte auch, dass Verhalten adaptiv sei und in enger Wechselwirkung mit der Umwelt stehe und legte auf die modifizierenden Einflüsse der Umwelt auf das angeborene Verhalten wert. Es war sicherlich der Umweltaspekt, der Otto Koenig faszinierte und dazu anregte, Tiere in ihrer natürlichen Umwelt zu beobachten. Sein „Aktionssystem" der Bartmeise war daher eine umfangreiche Zusammenstellung der Biologie der Bartmeise, die weit über eine nüchterne deskriptive Auflistung von Verhaltensweisen hinausging (Koenig, O. 1952a; 1952b). Die international beachteten Ethogramme Lilli Koenigs waren hingegen die Resultate umfassender Beobachtungen an gefangenen und zum Teil handaufgezogenen Tieren und stellten detailreiche Beschreibungen der Verhaltensrepertoires der von ihr untersuchten Organismen dar (Koenig, L. 1951; 1960; 1973). Im Kontext des Ethogramms sind auch die zahlreichen Filmdokumente zu sehen, die von Otto Koenig und seinen Mitarbeitern produziert wurden.

Ethogramme wurden im Laufe der Fortentwicklung der Ethologie aus verschiedenen Gründen immer seltener. Ein früher Mitarbeiter Koenigs und Lorenz', Wolfgang Schleidt, versuchte eine Wiederbelebung des Konzepts und schlug ein Standard-Ethogramm vor (Schleidt et al. 1984). Heute ist diese Form der wissenschaftlichen Auseinandersetzung mit Verhalten praktisch ausgestorben. Das Sammeln von Filmdokumenten außerhalb spezifischer wissenschaftlicher Fragestellungen hat ebenfalls aufgehört, und das Göttinger Institut wurde 2010 geschlossen, nachdem das Institut in Wien schon 1997 aufgelöst worden war.

4.2 Wege ins Schilf

Der sächsische Vogelkundler Rudolf Zimmermann legte 1943 die erste moderne Avifauna des Neusiedlersee-Gebietes vor, und der Ethnologe Hugo Adolf Bernatzik (1941) machte mit seinen Fotografien den Schilfgürtel einem breiteren Publikum bekannt. Otto Koenigs Arbeiten im Schilf gingen auch methodisch (z. B. Koenig 1960) weit über das hinaus, was die beiden erreicht hatten. In ihnen setzte er nämlich bereits die Ideen der „Stresemannschen Revolution" um (Haffer 2001). Während die Ornithologie im anglo-amerikanischen Raum sich noch weitgehend auf Fragen der Avifaunistik, Systematik, Taxonomie und der morphologischen Deskription beschränkten, hatte Stresemann in Deutschland bereits ein Umdenken eingeleitet, und Genetik, funktionelle Morphologie, Physiologie und Ethologie fanden Eingang in eine „Neue Biologische Ornithologie" (Haffer 2001). Otto Koenig arbeitete offensichtlich in diesem neuen Geiste. Im Jahre 1952 veröffentlichte er seine Beobachtungen zu Verhalten und Ökologie der Schilfvögel im Journal für Ornithologie (Koenig 1952b). Die Arbeit hätte das Potenzial gehabt, eine neue Etho-Ökologie einzuläuten. Ihre Wirkung blieb aber auf einen kleinen Kreis Wiener Ornithologen beschränkt, die angeregt von den Ideen Koenigs und zum Teil auch im persönlichen Austausch mit ihm ihre Untersuchungen im Schilfgürtel durchführten (z. B. Spitzer 1972; van den Elzen 1971 und 1977; Leisler 1977).

Die internationale Entwicklung von Ökologie und Evolutionsbiologie führte zur Soziobiologie (Wilson 1975) und Verhaltensökologie (Krebs & Davies 1984), die trotz einiger Gemeinsamkeiten doch ganz andere Ansätze verfolgten und letztendlich den zarten Keim einer eigenständigen Etho-Ökologie der Wiener Forscher überrollten. Die Themen und der Schilfgürtel als Beobachtungs- und Experimentierfeld wurden aber nicht zuletzt am Wilhelminenberger Institut weiter gepflegt, dies allerdings innerhalb der Paradigmen der modernen *Behavioural Ecology*.

5 Kulturethologie: eine neue wissenschaftliche Disziplin

Was Otto Koenig unter Kultur verstand, blieb meist vage als die ideellen und materiellen Produkte des Menschen formuliert (z. B. Koenig 1970, 17), wobei durchaus auch die verhaltensbiologischen Grundlagen kultureller Aktivitäten einbezogen waren (Koenig 1969). Viel später definierte Otto Koenig Kultur explizit: Kultur ist die Resultante aus den individuellen, phylogenetisch vororientierten, durch Gewöhnung verfestigten Reaktionsmöglichkeiten eines Lebewesens auf ökologische Anforderungen. – Kultur ist ein biologisches Produkt, das ebenso den Gesetzen der Wandlung, Rückbildung oder Luxurierung folgt, wie jedes morphologische Merkmal (Koenig 1990, 46).

Die von Otto Koenig ins Leben gerufene Disziplin „Kulturethologie" wird wohl von vielen als sein wissenschaftlich größter Wurf und die Krönung seiner interdisziplinären Arbeit angesehen. Ins Rampenlicht der internationalen Öffentlichkeit wurde sie spätestens durch die Nobelpreisrede von Konrad Lorenz gerückt, die noch dazu in einem renommierten naturwissenschaftlichen Magazin abgedruckt wurde (Lorenz 1973b; 1973c). Zu seiner Konzeption von Kulturethologie äußerte sich Koenig meist recht präzise und meinte, dass deren Definition folgendermaßen lauten müsse: „Spezielle Arbeitsrichtung der Vergleichenden Verhaltensforschung (Ethologie), die sich mit den ideellen und materiellen Produkten (Kultur) des Menschen, deren Entwicklung, ökologischer Bedingtheit und ihrer Abhängigkeit von angeborenen Verhaltensweisen sowie mit entsprechenden Erscheinungen bei Tieren vergleichend befasst" (Koenig 1970, 17). Wie sich die Kulturethologie entwickelte, hat Liedtke (2003 und 2007) sehr gut zusammengefasst. Die Namensgebung leitet sich aus seinem schon erwähnten Wissenschaftsverständnis ab. Hier soll noch etwas näher auf das kulturethologische Anliegen eingegangen werden, die allgemeingültigen Wandlungsgesetze innerhalb menschlichen Kulturgeschehens aufzuzeigen (Mündl 1991).

Heller (2007) hat die in der Kulturethologie besonders diskutierten Regelverläufe mit Beispielen aus seinem und dem Matreier Umfeld schön zusammengestellt. Seine Liste deckt alles ab, was man in irgendeiner Zeitreihe an einem Merkmal beobachten kann und spricht mit räumlicher Diffusion und fortschreitender Ausdifferenzierung weitere auch evolutionsbiologisch relevante Prozesse an. Problematisch ist sie, weil alle denkbaren Formen des Wandels zu Regelverläufen erklärt werden und dadurch die Kategorisierung von Phänomenen zur Erklärung gerät. Es wäre einfacher und wissenschaftlich korrekter, jeden Einzelfall, zum Beispiel einen Verlust von Innenstruktur, individuell zu untersuchen und „Verlust" und „Innenstruktur" dabei so zu definieren, dass die Anwendbarkeit der Begriffe über den gerade abgehandelten Einzelfall hinausgeht und empirischer Prüfung zugänglich wird.

In Koenigs Definition von „Kultur" bedeutet ‚Gewöhnung' offensichtlich etwas anderes als in der Verhaltensforschung (Eibl-Eibesfeldt 1967). Die Aussage ‚Kultur ist ein biologisches Produkt' ist nicht scharf; wenn damit ‚Produkt von Lebewesen' gemeint ist, kann das wohl nur die materielle Kultur meinen und lässt alle die komplexen Lern- und Entwicklungsvorgänge links liegen, die mit kulturellen Prozessen einhergehen. Die von Koenig vorgelegte Definition von Kultur liefert keine Formel, mit deren Hilfe man die zu ‚Kultur' zu rechnenden Phänomene bestimmen kann. Es beschreibt daher auch nicht das Explanandum einer biologischen Theorie der Kultur, sondern entspricht eher einem schlagwortartigen Programm zu einer solchen Theorie.

Koenig legte mit seiner ‚Definition' eine sehr persönliche Interpretation und erklärende Aussage über Entstehung von Kultur und ihren Prozessen vor. Er unterscheidet kaum zwischen Verhalten und Produkten des Verhaltens, und wegen der Vermengung von Beschreibung des Forschungsgegenstandes und seinen Erklärungen läuft sie in Gefahr, zirkulär zu werden. Für interdisziplinäre Forschung brauchen wir Begriffe, die präzise, konsensfähig und für den wissenschaftlichen Alltag brauchbar sind.

Moderneren Biologen, aufgewachsen mit einem völlig anderen Konzept von Wissenschaft, ging und geht es weniger darum, Biologie in die Kultur zu tragen, denn um Kultur oder ihre Vorläufer bei Tieren aufzufinden. Dazu war es notwendig, Kultur möglichst weit zu fassen, um den Forschungsgegenstand nicht auf wenige Arten oder gar nur auf einige Primaten einzuschränken. In weiterer Folge führt diese Vorgehensweise letztendlich doch wieder zu einer verbesserten Sicht der biologischen Grundlagen menschlicher Kulturen.

So definierte Galef (1992) einerseits sehr weit und spezifiziert andererseits als Übertragungsmechanismus die Imitation, was nur akzeptabel wäre, wenn man darunter sowohl Imitation im engeren Sinn als zumindest auch Emulation von Ergebnissen verstünde (vgl. Heyes 2001; Horner & Whiten 2005; Nielsen et al. 2012). Laland & Hoppitt (2003) beziehen sich auf gruppentypische Verhaltensweisen und die sozial gelernten und übertragenen Informationen. Sie charakterisieren die Mechanismen der Weitergabe damit nur soweit, als dies zur Abgrenzung zur genetischen Informationsübertragung notwendig ist, und lassen materielle Produkte aus. Ich schiebe eine weitere, vollständigere Definition aus dem biologischem Umfeld nach (Lumsden & Wilson 1981, 368): Kultur ist die Summe aller Artefakte, Verhaltensweisen, Institutionen und mentaler Konzepte, die durch Lernen unter den Mitgliedern einer Gesellschaft weitergegeben werden, und der ganzheitlichen von ihnen gebildeten Muster. Weiter heißt es da, dass unter kultureller Evolution jeder Wandel in diesen Komponenten sowohl innerhalb als auch zwischen Generationen zu verstehen sei. Diese Übersicht sollte den Stand der Dinge in der Biologie ausreichend wiedergeben. Soweit mir bekannt, unterscheidet man auch in der Soziologie zwei eng miteinander verwobene Aspekte von Kultur, die Welt der Ideen und die physischen Objekte, die mit diesen Ideen verknüpft sind.

Heutige Autoren versuchen von Beschreibungen und Interpretationen weg zu kommen und arbeiten viel über die von Koenig kaum angesprochenen adaptiven Erklärungen von menschlicher und tierischer Kultur und damit über ihre Wechselwirkungen mit der Selektion (Rogers 1988; Galef 1992 und 1995; Boyd & Richerson 1995; Feldman & Laland 1996; Laland & Janik 2006; Enquist et al. 2007; Henrich et al. 2008). Diskutiert wird Kultur daher auch im Zusammenhang mit den Begriffen ‚Erweiterter Phänotyp' und ‚Nischenkonstruktion' (Dawkins 1982; Odling-Smee et al. 2003; Jehs 2012). Die Mechanismen, die hinter sozialem Lernen und Konformismus stecken und die innerartliche Vielfalt und evolutionäre Dynamik kultureller Prozesse kommen ebenfalls nicht zu kurz (Henrich & McElreath 2003; van Schaik et al. 2003; Whiten et al. 1999; 2001 und 2005). Koenigs Ideen wurden anscheinend in keiner der zahlreichen Arbeiten aufgegriffen.

Liedtke (2007) stellte die Frage, woran es läge, dass die Kulturethologie bislang keinen dauerhaften institutionellen Forschungsplatz an den Universitäten gefunden hat. Er ortete nach wie vor eine Aversion gegen evolutionistisches Denken in den Geisteswissenschaften und mangelnde kulturwissenschaftliche Kompetenz an den biologischen Fakultäten. Wie vielleicht schon aus der vorliegenden äußerst gerafften Darstellung hervorgeht, trifft das nicht generell zu. Den Übergang von der Makrobiologie zur Mikro-/ Molekularbiologie nennt er ebenfalls, was tatsächlich einige Zeit lang bedrohlich war; aber das Pendel schwingt meiner persönlichen Wahrnehmung nach zurück, und letztere Wissenschaftszweige tragen nun wertvolle Fakten für die evolutionsbiologische Erforschung kultureller Prozesse bei (z. B. Vigilant 2004). Ich stimme Liedtke (2007) zu, wenn er seinen Finger auf weitere Schwächen der Kulturethologie, nämlich den Mangel an qualitativen und quantitativen Detailarbeiten, das geringe Niveau der Formalisierung und Theorienbildung und das Fehlen eines zusammenfassendes Standardwerks legt.

Ich möchte einige weitere Probleme ansprechen (siehe auch Reingrabner 2008; Voland 2008). Der aus schon dargelegten Gründen irreführende Name konnte einfach keine allgemeine Anerkennung finden. Er macht vielleicht auch für die Fülle an wissenschaftlichen Arbeiten zu den die Kulturethologie konstituierenden Themen blind. Die in unmittelbarer Wilhelminenberger/Matreier Tradition verfassten Arbeiten sprechen das internationale Publikum nicht an, sind zu deskriptiv und interpretativ, testen keine Alternativerklärungen und ignorieren weitgehend die umfangreichen internationalen Forschungsbeiträge. Die Theorienbildung ist mangelhaft, was die empirische Überprüfung der Ideen und die Entwicklung einer stringenten Methodologie hemmt. Wenn ich mir die Beiträge zu den Matreier Gesprächen so ansehe, konstatiere ich eine zunehmende Abwendung von der Biologie und damit einen Verlust der Interdisziplinarität. Besonders bedrückt mich dabei das unzulängliche evolutionsbiologische Verständnis, das in den Beiträgen zum Vorschein kommt. Ohne solche individuell zu nennen, möchte ich nur wenige Stichworte aufzählen. ‚Drift‘, ‚Fitness‘ und ‚Selektion‘ scheinen nach wie vor Schwierigkeiten zu bereiten, ebenso wie die Vielfalt und Abgrenzung der Evolutionstheorien (Mayr 1985). Der geradezu klassische Fehler, Kladogenese und Anagenese nicht zu differenzieren, sei als Beispiel genannt. Der Aufschwung und Siegeszug der Vergleichenden Methode (Harvey & Pagel 1991) in den letzten zwei Jahrzehnten scheint an den Kulturethologen spurlos vorübergegangen zu sein.

Die moderne Vergleichende Methode basiert auf Phylogenien, die nicht aufgrund der untersuchten Merkmale zustande kamen, differenziert genau

Homologie und Homoplasie und verwendet mathematische Methoden zur Elimination phylogenetischer Effekte bei vergleichenden statistischen Untersuchungen. Wie könnte man diese modernen biologischen Methoden in der Kulturethologie umsetzen?

Die Gefahr der Zirkularität besteht dann, wenn man orthogenetische Reihen von Merkmalen von Objekten der materiellen Kultur aufstellt, ohne kritisch zu überprüfen, wie der zeitliche Ablauf und der Informationsfluss, der zu den Entwürfen führte, tatsächlich waren. Reihen geben nie das Gesamtbild wieder. Bei Otto Koenig findet man im Beispiel der Evolution der Zipfelmütze ansatzweise eine mehr phylogenetische Betrachtungsweise, indem er eine Aufspaltung der Entwicklungswege einzeichnet (Koenig 1969). Die Analyse bleibt dennoch auf das Merkmal und einen Ausschnitt aus seiner Genese beschränkt. Wie in der Biologie, sollte man möglichst vollständige Stammbäume anstreben und erst dann die Merkmalsentwicklung abbilden. Das heißt, man darf sich nicht auf einzelne Abstammungslinien beschränken, sondern hat alle Abkömmlinge eines gemeinsamen „Vorfahren" zu berücksichtigen (siehe Liedtke 2007 für eine gegenteilige Ansicht). Als positive Beispiele seien die Arbeiten von Tëmkin & Eldredge (2007) zur Evolution von Musikinstrumenten und von Walker et al. (2011) über Heiratspraktiken bei Sammlern und Jägern genannt. Viel mehr als in der Biologie hat man bei kulturellen Wandlungsprozessen auf Querverbindungen zu achten (Legendre 2000). Daraus ergibt sich auch die Notwendigkeit, die in der Biologie verwendeten Methoden (siehe oben), die fast ausschließlich von dichotomen Verzweigungen ausgehen, umfassend zu erweitern. Das ist mit hohem Aufwand verbunden und ein methodisch mühsamer Weg, an dessen Ende aber der Lohn eines echt interdisziplinären Zugangs zu der großen Frage stünde, wie die zahlreichen, hier aus Platzmangel nicht weiter verfolgten, gemeinsamen Regelhaftigkeiten zu erklären sind.

Die große Herausforderung an eine gemeinsame Wissenschaft des biologischen und kulturellen Wandels ist, von der Beschreibung von Regelhaftigkeiten zu kausalen Erklärungen derselben zu gelangen. Bis heute sind kulturethologische Erklärungen vielfach zirkulär. Das kommt auch in anderen Wissenschaften vor und wird zum Beispiel von Psychologen und Linguisten seit Jahren beanstandet. Jenkins' (2010) Diagnose, der Linguist suche nach Regelmäßigkeiten und berufe sich, wenn er sie gefunden hat, auf deren Verallgemeinerung in Gestalt einer Regel als Erklärung für die Daten, stimmt auch für die Kulturethologie. Selbstverständlich sind Beobachtung und Generalisation von zentralem Interesse, aber die daraus folgende Erklärung durch eine Regel ist eben nicht-kausal (Jenkins 2010). Ein weiterer wichtiger Schritt wäre eine kritische Sicht der Daten dahingehend, ob sich die beobachteten Trends tatsächlich objektivieren lassen. In der Biologie verschwinden globale Trends oft in „lokalen" Prozessen (z. B. bei der „Inselregel"; Leisler & Winkler 2015) oder verlieren durch Gegenbeispiele ihren absoluten Charakter (z. B. die Regel von Dollo; Collin & Cipriani 2003; Domes et al. 2007; Siler & Brown 2011; Diogo & Wood 2012). Andererseits haben Biologen für Einzelfälle plausible Mechanismen aufgedeckt. Es wurden überzeugende Erklärungen für den evolutionären Trend zur Größenzunahme (z. B. Stanley 1973; Kingsolver & Pfennig 2004) vorgelegt und trotz methodischer Schwierigkeiten (Goldberg & Igic 2008) Mechanismen aufgezeigt, die für die Irreversibilität spezieller evolutiver Prozesse verantwortlich sein könnten (Bridgham et al. 2009). Dennoch sind wir meiner Ansicht nach noch weit davon entfernt, eine für empirische Überprüfung geeignete Metatheorie der Mechanismen des biologischen und kulturellen Wandels aufzustellen.

Eine Metatheorie historischer Prozesse müsste an der Spitze eines hierarchischen Systems stehen, das auf der naturwissenschaftlichen Seite Kosmologie, Geologie, Klimageschichte und Evolutionsbiologie enthält und auf der geisteswissenschaftlichen Urgeschichte, Geschichte und Kulturgeschichte. Damit würde man auch eine klare Beziehung zwischen Evolution und kultureller Entwicklung herstellen. Ich stimme da (aber nicht in allen seinen Punkten) mit Voland (2008) überein, der auf die Problematik einer Kulturethologie als bloßes Analogiemodell der Evolution hinweist.

6 „Lebensraum aus zweiter Hand": vom bewahrenden zum proaktiven Naturschutz

Für viele Österreicher war Otto Koenig, den jedermann aus seinen Fernsehsendungen kannte, eine Ikone des Naturschutzes. Seine Bedeutung für den österreichischen Naturschutz kann kaum überschätzt werden. Da Kollar in diesem Band ausführlicher darauf eingeht, kann ich mich auf ein paar wenige Gedanken beschränken.

Sein Temperament ließ nicht zu, dass sich Otto Koenig auf Herbeijammern des Weltuntergangs oder einfaches Bewahren als Strategien des Naturschutzes beschränkte. Sein proaktives Vorgehen betraf einerseits das Auswildern von Tierarten und andererseits den „Lebensraum aus zweiter Hand".

Am Wilhelminenberg wurden einige Arten gehalten, die dann ausgewildert werden sollten. Halbwilde Mönchssittiche mit ihren großen Nestern und Kuhreiher prägten in den 1960er Jahren das Institutsbild. Hier und beim Auswildern hielt Koenig sich nicht an seine früheren Prinzipien bezüglich standortfremder Arten (Koenig 1948) und versuchte regenwaldbewohnende Balistare auf einer mediterranen Insel (Lokrum, Kroatien) anzusiedeln und kanadische Biber in den Donauauen. Auer-/Birkhühner und Großtrappen auf dem Wilhelminenberg fürs spätere Aussetzen in Mengen zu züchten, scheiterte an den dort herrschenden räumlichen, klimatischen und hygienischen Bedingungen.

Bewundernswert war sein Kampf für einen zeitgemäßen, dynamischen Naturschutz zu einer Zeit, in der bewahrender, von ihm auch als romantisch titulierter Naturschutz vorherrschte. „Lebensraum aus zweiter Hand" war eine Bezeichnung für Landschaften, die eben nicht primär gewachsen, sondern im Gefolge menschlicher Eingriffe sekundär entstanden sind, deswegen aber seiner Ansicht nach um kein Haar schlechter sind als andere. Daher waren für ihn Traktor und Bulldozer durchaus legitime Instrumente des Naturschutzes.

Im Kampf um Hainburg wurden diese Ideen heftig attackiert, und die Vorgänge rund um dieses Projekt führten schließlich zu einer Entfremdung zwischen Koenig und Lorenz, der völlig vom traditionellen Naturschutz vereinnahmt wurde.

Der mitteleuropäische Naturschutz löst sich nur zögerlich von seiner alten Haltung. In einzelnen Bereichen, zum Beispiel beim Rückbau von regulierten Gewässern, stellen Bulldozer bereits wichtige Werkzeuge für den Erhalt von Biodiversität dar. Koenigs Einsichten und Visionen erweisen sich zunehmend als richtig und realitätsnahe. Aktive Lebensraumgestaltung wurde salonfähig und eine erfolgreiche Strategie (Dobson et al. 1997; Wortley et al. 2013).

7 Literatur

Bernatzik, H. A. 1941: Vogelparadies. Vogelwelt und Menschen in europäischen Rückzugsgebieten. Koehler und Voigtländer. Leipzig.

Bock, W. J., Wahlert, G. 1965: Adaptation and the form-function complex. – In: Evolution 19 (3), 269–299.

Boesch, C. 2003: Is culture a golden barrier between human and chimpanzee? – In: Evolutionary Anthropology 12 (2), 82–91.

Bordes, F., de Sonneville-Bordes, D. 1970: The significance of variability in Palaeolithic assemblages. – In: World Archaeology 2 (1), 61–73.

Boyd, R., Richerson, P. J. 1995: Why does culture increase human adaptability? – In: Ethology and Sociobiology 16 (2), 125–143.

Bridgham, J. T., Ortlund, E. A., Thornton, J. W. 2009: An epistatic ratchet constrains the direction of glucocorticoid receptor evolution. – In: Nature 461, 515–519.

Collin, R., Cipriani, R. 2003: Dollo's law and the re-evolution of shell coiling. – In: Proceedings of the Royal Society of London: Biological Sciences 270 (1533), 2551–2555.

Dawkins, R. 1982: The extended phenotype: the gene as the unit of selection. W. H. Freeman. New York.

Diogo, R., Wood, B. 2012: Violation of Dollo's law: evidence of muscle reversions in primate phylogeny and their implications for the understanding of the ontogeny, evolution, and anatomical variations of modern humans. – In: Evolution 66 (10), 3267–3276.

Dobson, A. P., Bradshaw, A. D., Baker, A. J. M. 1997: Hopes for the future: restoration ecology and conservation biology. – In: Science 277 (5325), 515–522.

Domes, K., Norton, R. A., Maraun, M., Scheu, S. 2007: Reevolution of sexuality breaks Dollo's law. – In: Proceedings of the National Academy of Sciences of the United States of America 104 (17), 7139–7144.

Dyble, M., Salali, G. D., Chaudhary, N., Page, A., Smith, D., Thompson, J., Vinicius, L., Mace, R., Migliano, A. B. 2015: Sex equality can explain the unique social structure of hunter-gatherer bands. – In: Science 348 (6236), 796–798.

Eibl-Eibesfeldt, I. [1]1967 [[8]1999]: Grundriss der vergleichenden Verhaltensforschung. Piper. München.

Enquist, M., Eriksson, K., Ghirlanda, S. 2007: Critical social learning: a solution to Rogers's paradox of nonadaptive culture. – In: American Anthropologist 109 (4), 727–734.

Feldman, M. W., Laland, K. N. 1996: Gene-culture coevolutionary theory. – In: Trends in Ecology and Evolution 11 (11), 453–457.

Galef, B. G. Jr. 1992: The question of animal culture. – In: Human Nature 3 (2), 157–178.

Galef, B. G. Jr. 1995: Why behaviour patterns that animals learn socially are locally adaptive. – In: Animal Behaviour 49 (5), 1325–1334.

Gat, A. 2000: The human motivational complex: evolutionary theory and the causes of hunter-gatherer fighting. Part I. Primary somatic and reproductive causes. – In: Anthropological Quarterly 73 (1), 20–34.

Goldberg, E. E., Igić, B. 2008: On phylogenetic tests of irreversible evolution. – In: Evolution 62 (11), 2727–2741.

Haffer, J. 2001: Die „Stresemannsche Revolution" in der Ornithologie des frühen 20. Jahrhunderts. – In: Journal für Ornithologie 142 (4), 381–389.

Hamilton, M. J., Milne, B. T., Walker, R. S., Burger, O., Brown, J. H. 2007: The complex structure of hunter-gatherer social networks. – In: Proceedings of the Royal Society B 274 (1622), 2195–2203.

Hancock, A. M., Witonsky, D. B., Alkorta-Aranburu, G., Beall, C. M., Gebremedhin, A., Sukernik, R., Utermann, G., Pritchard, J. K., Coop, G., Di Rienzo, A. 2011: Adaptations to climate-mediated selective pressures in humans. – In: PLoS Genetics 7 (4), e1001 375. doi: 10.1371/journal.pgen.1001375

Harvey, P. H., Pagel, M. D. 1991: The comparative method in evolutionary biology. Oxford University Press. Oxford.

Hawks, J., Wang, E. T., Cochran, G. M., Harpending, H. C., Moyzis, R. K. 2007: Recent acceleration of human adaptive evolution. – In: Proceedings of the National Academy of Sciences of the United States of America 104 (52), 20753–20758.

Heller, H. 2007: Selbstverfremdung durch Maske, Kostüm und Rollenspiel. Mit nochmaligen Gedanken zum Matreier Klaubaufgehen. – In: Heller, H. (Hg.), Fremdheit im Prozess der Globalisierung. (= 32. Matreier Gespräche zur Kulturethologie 2006. Schriftenreihe der Otto-Koenig-Gesellschaft). LIT. Wien, Berlin, 74–110.

Henrich, J., Boyd, R., Richerson, P. J. 2008: Five misunderstandings about cultural evolution. – In: Human Nature 19 (2), 119–137.

Henrich, J., McElreath, R. 2003: The evolution of cultural evolution. – In: Evolutionary Anthropology 12 (3), 123–135.

Heyes, C. 2001: Causes and consequences of imitation. – In: Trends in Cognitive Sciences 5 (6), 253–261.

Horner, V., Whiten, A. 2005: Causal knowledge and imitation/emulation switching in chimpanzees (Pan troglodytes) and children (Homo sapiens). – In: Animal Cognition 8 (3), 164–181.

Jehs, D. 2012: Evolution and the Palaeolithic. – In: Notae Praehistoricae 32, 257–287.

Jenkins, J. J. 2010: Book Review: MacNeilage's The origin of speech. – In: Cognitive Critique 2, 141–150. – http://www.cogcrit.umn.edu/docs/Jenkins_10.pdf (Zugriff: 31.10.2015).

Jennings, H. S. 1906: Behavior of the lower organisms. Columbia University Press. New York, NY.

Kandel, E. 2012: Das Zeitalter der Erkenntnis: Die Erforschung des Unbewussten in Kunst, Geist und Gehirn von der Wiener Moderne bis heute. Siedler. München.

Kappeler, P. M. 1998: Nests, tree holes, and the evolution of primate life histories. – In: American Journal of Primatology 46 (1), 7–33.

Kingsolver, J. G., Pfennig, D. W. 2004: Individual-level selection as a cause of Cope's rule of phyletic size increase. – In: Evolution 58 (7), 1608–1612.

Koenig, L. 1951: Beiträge zu einem Aktionssystem des Bienenfressers *(Merops apiaster* L.). – In: Zeitschrift für Tierpsychologie 8 (2), 169–210.

Koenig, L. 1960: Das Aktionssystem des Siebenschläfers *(Glis glis* L.). – In: Zeitschrift für Tierpsychologie 17 (4), 427–505.

Koenig, L. 1973: Das Aktionssystem der Zwergohreule Otus scops scops (Linné 1758). Fortschritte der Verhaltensforschung. (= Beihefte zur Zeitschrift für Tierpsychologie 13). Parey. Berlin, Hamburg.

Koenig, O. 1948: Einbürgerung ausländischer Säuger. – In: Umwelt 1 (10), 400–401.

Koenig, O. 1949: Gestalt und Leistung. – In: Umwelt 2 (3), 12–14.

Koenig, O. 1952a: Das Aktionssystem der Bartmeise (Panurus biarmicus L.). – In: Österreichische zoologische Zeitschrift 3 (1/2), 1–82 und 3 (3/4), 247–325.

Koenig, O. 1952b: Ökologie und Verhalten der Vögel des Neusiedlersee-Schilfgürtels. – In: Journal für Ornithologie 93 (3), 207–289.

Koenig, O. 1960: Neue Wege zur Erforschung der Reiherkolonien des Neusiedlersees. – In: Burgenländische Heimatblätter 22 (1), 15–22.

Koenig, O. 1969: Verhaltensforschung und Kultur. – In: Altner, G. (Hg.), Kreatur Mensch. Moderne Wissenschaft auf der Suche nach dem Humanum. Moos. München, 57–84.

Koenig, O. 1970: Kultur und Verhaltensforschung. Einführung in die Kulturethologie. DTV. München.

Koenig, O. 1990: Naturschutz an der Wende. Jugend und Volk. Wien.

Krebs, J. R.; Davies, N. B. (ed.) 1984: Behavioural Ecology. Blackwell. Oxford.

Laland, K. N., Hoppitt, W. 2003: Do animals have culture? – In: Evolutionary Anthropology 12 (3), 150–159.

Laland, K. N., Janik, V. M. 2006: The animal cultures debate. – In: Trends in Ecology and Evolution 21 (10), 542–547.

Lauder, G. V. 1995: On the inference of function from structure. – In: Thomason, J. J. (ed.), Functional morphology in vertebrate paleontology. Cambridge University Press. Cambridge, NY.

Lee, R. B. 1992: Art, science, or politics? The crisis in hunter-gatherer studies. – In: American Anthropologist N.S. 94 (1), 31–54.

Lee, S.-H., Wolpoff, M. H. 2003: The pattern of evolution in Pleistocene human brain size. – In: Paleobiology 29 (2), 186–196.

Legendre, P. 2000: Reticulate evolution: from bacteria to philosopher. – In: Journal of Classification 17 (2), 153–157.

Leisler, B. 1977: Ökomorphologische Aspekte von Speziation und adaptiver Radiation bei Vögeln. – In: Vogelwarte 29 (Suppl.), 136–153.

Leisler, B., Winkler, H. 2015: Evolution of island warblers: beyond bills and masses. – In: Journal of Avian Biology 46 (3), 236–244.

Liedtke, M. 2003: Otto Koenig. Über Zusammenhänge von Natur und Kultur. – In: Raschauer, B., Morscher, E., Schröfelbauer, H., Kroiss, H. (Hg.), Lebenselement Wasser. Rechtliche, ökonomische und ökologische Aspekte der Nutzung. Facultas. Wien.

Liedtke, M. 2007: Kulturethologie. Genese, Entwicklungsstand, Zukunftsfähigkeit. – In: Heller, H. (Hg.), Fremdheit im Prozess der Globalisierung. (= 32. Matreier Gespräche zur Kulturethologie 2006. Schriftenreihe der Otto-Koenig-Gesellschaft). LIT. Wien, Berlin, 250–265.

Lorenz, K. 1949: Was ist „vergleichende Verhaltensforschung"? – In: Umwelt 2 (3), 1–2.

Lorenz, K. 1973a: Die acht Todsünden der zivilisierten Menschheit. Piper. München.

Lorenz, K. 1973b: Analogy as a source of knowledge. – In: Nobel Foundation (ed.), Les Prix Nobel en 1973. Elsevier. Amsterdam u. a., 176–195.

Lorenz, K. Z. 1973c: Analogy as a source of knowledge. – In: Science 185 (4147), 229–234.

Lumsden, C. J.,Wilson, E. O. 1981: Genes, mind, and culture. The coevolutionary process. Harvard University Press. Cambridge, MA.

Marlowe, F.W. 2005: Hunter-gatherers and human evolution. – In: Evolutionary Anthropology 14 (2), 54–67.

Mayr, E. 1985: Darwin's five theories of evolution. – In: Kohn, D. (ed.), The Darwinian heritage. Princeton University Press. Princeton, NJ, 755–811.

Müller, G. B. 2001: Homologie und Analogie: Die vergleichende Grundlage von Morphologie und Ethologie. – In: Kotrschal, K., Müller, G., Winkler, H. (Hg.), Konrad Lorenz und seine verhaltensbiologischen Konzepte aus heutiger Sicht. Filander. Fürth, 148–157.

Mündl, K. H. 1991: Beim Menschen beginnen. Otto Koenig im Gespräch mit Kurt Mündl. Jugend & Volk. Wien.

Nadel, D., Weiss, E., Simchoni, O., Tsatskin, A., Danin, A., Kislev, M. 2004: Stone Age hut in Israel yields world's oldest evidence of bedding. – In: Proceedings of the National Academy of Sciences of the United States of America 101 (17), 6821–6826.

Nesse, R. M., Lloyd, A. T. 1992: The evolution of psychodynamic mechanisms. – In: Barkow, J., Cosmides, L., Tooby, J. (ed.), The Adapted Mind. Oxford University Press. New York, 601–624.

Nielsen, M., Subiaul, F., Galef, B., Zentall, T., Whiten, A. 2012: Social learning in humans and nonhuman animals: Theoretical and empirical dissections. – In: Journal of Comparative Psycholology 126 (2), 109–113.

Odling-Smee, F. J., Laland, K. N., Feldman, M. W. 2003: Niche construction. The neglected process in evolution. Princeton University Press. Princeton, NJ.

Poehlmann, C. L. 1914: Die deutsche Frau nach 1914. Hugo Schmidt Verlag. München.

Reingrabner, G. 2008: Die Matreier Gespräche – einige Erinnerungen und aktuelle Fragen dazu. – In: Heller, H. (Hg.), Kulturethologie zwischen Analyse und Prognose. (= 33. Matreier Gespräche zur Kulturethologie 2007. Schriftenreihe der Otto-Koenig-Gesellschaft). LIT. Wien, Berlin, 13–33.

Rogers, A. R. 1988: Does biology constrain culture? – In: American Anthropologist 90 (4), 819–831.

Roth, G. 2013: The Long Evolution of Brains and Minds. Springer. Dordrecht.

Schleidt, W., Yakalis, G., Donelly, M., McGarry, J. 1984: A proposal for a standard ethogram, exemplified by an ethogram of the bluebreasted quail (Coturnix chinensis). – In: Zeitschrift für Tierpsychologie 64 (3-4), 193–220.

Siler, C. D., Brown, R. M. 2011: Evidence for repeated acquisition and loss of complex body-form characters in an insular clade of Southeast Asian semi-fossorial skinks. – In: Evolution 65 (9), 2641–2663.

Silverman, I., Choi, J., Mackewn, A., Fisher, M., Moro, J., Olshansky, E. 2000: Evolved mechanisms underlying wayfinding: further studies on the hunter-gatherer theory of spatial sex differences. – In: Evolution and Human Behavior 21 (3), 201–213.

Singer, P. 2009: Speciesism and moral status. – In: Metaphilosophy 40 (3-4), 567–581.

Smith, E. A., Borgerhoff Mulder, M., Hill, K. 2001: Controversies in the evolutionary social sciences: A guide for the perplexed. – In: Trends in Ecology and Evolution 16 (3), 128–135.

Spitzer, G. 1972: Jahreszeitliche Aspekte der Biologie der Bartmeise *(Panurus biarmicus)*. – In: Journal für Ornithologie 113 (3), 241–275.

Stanley, S. M. 1973: An explanation for Cope's Rule. – In: Evolution 27 (1), 1–26.

Tëmkin, I., Eldredge, N. 2007: Phylogenetics and material cultural evolution. – In: Current Anthropology 48 (1), 146–154.

Theobald, D. L. 2010: A formal test of the theory of universal common ancestry. – In: Nature 465, 219–222.

Tinbergen, N. 1963: On aims and methods of ethology. – In: Zeitschrift für Tierpsychologie 20 (4), 410–433.

Trumler, E. 1947: Die Abstammungslehre. – In: Umwelt 1 (8), 313–316.

van den Elzen, R. 1971: Nahrung und Nahrungserwerb der Bartmeise (Panurus biarmicus). Disseration. Universität Wien.

van den Elzen, R. 1977: Die Lautäußerungen der Bartmeise, Panurus biarmicus, als Informationssystem. – In: Bonner zoologische Beiträge 28, 304–323.

van Schaik, C. P, Ancrenaz, M., Gwendolyn, B., Galdikas, B., Knott, C., Singleton, I., Suzuki, A., Utami, S. S., Merrill, M. 2003: Orangutan cultures and the evolution of material culture. – In: Science 299 (5603), 102–105.

Vigilant, L. 2004: Chimpanzees. – In: Current Biology 14 (10), R369–R371.

Voland, E. 2008: Kulturethologie zwischen zirkulärer Tautologie, Prognosefähigkeit und Erklärungskraft. – In: Heller, H. (Hg.), Kulturethologie zwischen Analyse und Prognose. (= 33. Matreier Gespräche zur Kulturethologie 2007. Schriftenreihe der Otto-Koenig-Gesellschaft). LIT. Wien, Berlin, 37–47.

Walker, R. S., Hill, K. R., Flinn, M. V., Ellsworth, R. M. 2011: Evolutionary history of hunter-gatherer marriage practices. – In: PLoS ONE 6, e19066. doi: 10.1371/journal.pone.0019066

Whiten, A., Goodall, J., McGrew, W. C., Nishida, T., Reynolds, V., Sugiyama, Y., Tutin, C. E. G., Wrangham, R. W., Boesch, C. 1999: Cultures in chimpanzees. – In: Nature 399, 682–685.

Whiten, A., Goodall, J., McGrew, W.C., Nishida, T., Reynolds, V., Sugiyama, Y., Tutin, C.E.G., Wrangham, R.W., Boesch, C. 2001: Charting cultural variation in chimpanzees. – In: Behaviour 138 (11), 1481–1516.

Whiten, A., Horner, V., de Waal, F. B. M. 2005: Conformity to cultural norms of tool use in chimpanzees. – In: Nature 437, 737–740.

Wilson, E. O. 1975: Sociobiology. The new synthesis. Belknap Press of Harvard University Press. Cambridge, MA.

Winkler, H. 2007: Evolution und Verhalten. – In: Denisia 20, 37–48.

Wortley, L., Hero, J.-M., Howes, M. 2013: Evaluating ecological restoration success: a review of the literature. – In: Restoration Ecology 21 (5), 537–543.

Zimmermann, R. 1943: Beiträge zur Kenntnis der Vogelwelt des Neusiedler Seegebiets. – In: Annalen des Naturhistorischen Museums Wien 54, 1–272.

Helmwart Hierdeis

Otto Koenig begegnet Sigmund Freud
(zum 100. Geburtstag von Otto Koenig)

Die Szene: Eine großbürgerliche Wiener Wohnung. Das Arbeitszimmer verrät einen ausgewählten Geschmack. Der Schreibtisch ist bedeckt mit Antiquitäten, besonders aus der griechischen und römischen Kultur. An der einen Längswand ein Diwan mit einem Orientteppich in rotbraunen Tönen als Überwurf, hinter dem Kopfende ein Empiresessel. Gegenüber eine Barockkommode mit einer kleinen Standuhr. Zigarrenrauch hängt in der Luft. Im Sessel sitzt Sigmund Freud in vorgerücktem Alter, hohe Stirne, randlose Brille, gestutzter grauer Vollbart, ein Heft auf den Knien. Er unterbricht das Schreiben, weil es geklopft hat. Auf sein Ja schaut eine Bedienerin herein.

Entschuldigung, Herr Professor, ein Herr Koenig. Sie blickt auf die Visitenkarte: Ein Herr Prof. Otto Koenig aus Wien. Er war angemeldet.

Freud nickt: Bitten Sie ihn herein.

Ein untersetzter, kräftiger Mann Anfang Sechzig tritt ein, weißhaarig, ein mächtiger Schädel mit tiefliegenden Augen und einem energischen Unterkinn, das durch den Bart noch betont wird.

Sie begrüßen sich. Freuds Rechte zuckt unter dem kräftigen Händedruck des Gastes leicht zurück.

Nehmen Sie Platz, Herr Prof. Koenig, sagt er.

Koenig blickt sich nach einer Sitzgelegenheit um. Aber außer dem Sessel gibt es nur die Liege.

Ja, da, sagt Freud.

Koenig setzt sich.

Legen Sie sich ruhig hin. Die Schuhe können Sie anbehalten.

Koenig ist irritiert: Ich wollte eigentlich nur was fragen.

Ja, sagt Freud, wie Sie anfangen wollen, ist mir gleich. Legen Sie sich einfach hin und sagen Sie alles, was Ihnen in den Sinn kommt. Ich unterbreche Sie so schnell nicht.

Koenig schüttelt den Kopf. Trotzdem rutscht er in die Mitte und versucht, die richtige Lage zu finden. Aber hat kein gutes Gefühl dabei. Wann schon legt sich ein Mann am helllichten Tag in einer fremden Wohnung in Anwesenheit eines anderen Mannes, der unsichtbar bleibt, ausgestreckt auf einen Diwan.

Freud hat wieder Platz genommen. Er schweigt.

Auch Koenig sagt nichts. Die Situation ist ihm unbehaglich. Warum steht er nicht einfach auf und geht wieder? Aber er hat ja selbst um den Termin gebeten, und der andere ist eine weltbekannte Kapazität. Was soll der von ihm denken, wenn er plötzlich wieder verschwindet! Er spürt ein Kratzen im Hals und räuspert sich. Von Freud ist nichts zu hören.

Ich hab, beginnt er. Aber die Stimme ist so belegt, dass er sie freihusten muss.

Stille im Raum.

Ich hab ein Buch über das Auge geschrieben, fängt er wieder an, biologisch und kulturell und beides zusammen, das heißt … Was redet er denn da. Bringt er keinen ordentlichen Satz mehr heraus?

Über das Auge? hört er von hinten. Das passt. Sie tragen Ihr Thema ja im Gesicht.

Hm? Koenig gibt ein undeutliches Brummeln von sich.

Ihre Augen wollen das Gegenüber festhalten. Ihren durchdringenden Blick haben Sie wahrscheinlich schon bemerkt, wenn Sie in den Spiegel geschaut haben.

Der Alte ist ihm unheimlich. Als ob er wüsste, dass er vor dem Spiegel immer wieder versucht hat, den Blick von Konrad Lorenz hinzubekommen. Und als ihm das gelungen schien, hatte sich seine ganze Physiognomie der seines Lehrers angenähert.

Ein Buch über das Auge also, wiederholt Freud.

Ja, sagt Koenig. Ich hab viele Jahre geforscht und gesammelt und systematisiert und kombiniert und erklärt. Ich glaub, es ist gut geworden. „Urmotiv Auge" heißt es.

Na, wenn Sie so überzeugt von sich sind, dann brauchen Sie wirklich keine Analyse, sagt Freud.

Eine Analyse? Ich? Ganz sicher nicht, entgegnet Koenig. Ich wollte auch bloß etwas fragen wegen einem Traum.

Der andere setzt sich hörbar zurecht.

Seit das Buch erschienen ist, sagt Koenig, hab ich immer wieder ein und denselben Traum.

Es ist still im Raum. Auf der Kommode tickt die Uhr.

Weil er keinen Laut hört, fährt er fort: Dann erzähle ich ihn halt, den Traum.

Immer noch keine Reaktion. Er spürt, wie sich seine Kehle verengt. Vielleicht liegt es an dem kalten Rauch im Zimmer. Auch der Diwan riecht verqualmt. Da wird er seine Kleider lange auslüften müssen.

Also, fängt er mit rauher Stimme an, ich bin im Urwald von Eingeborenen gefangen genommen worden. Sie haben alle keine richtigen Gesichter, so als ob sie Strumpfmasken über den Kopf gezogen hätten. Sie schieben mich vor ein großes Zelt. Da tritt ein schwarzer Kerl heraus mit einem hohen Kopfputz. Er trägt Muschelketten um den Hals und einen langen Mantel mit aufgenähten Amuletten. Er hat nur ein rechtes Auge, aber das ist riesig. Es ist, als ob ein heißer Strahl herauskäme, der mir das Herz verbrennt. Ich wache immer mit Herzrasen und schweißgebadet auf.

Von Freud kein Wort. Ob er eingeschlafen ist?

Koenig räuspert sich. Er hört, wie der Alte hinter ihm tief durchatmet.

Und warum erzählen Sie mir das?

Na ja, Sie haben doch die „Traumdeutung" geschrieben.

Ja, schon lange her. Haben Sie's gelesen?

Nicht von vorn bis hinten.

Freud lacht leise. Und da haben Sie gedacht, der kennt sich aus.

So ungefähr.

Und haben Sie die Stelle gefunden, wo ich mit einem Traum zum Traumdeuter gehe?

Nein.

Die konnten Sie auch nicht finden. Ich war nie bei einem. Ich hab alle meine Träume selbst analysiert.

In Koenig steigt der Ärger hoch, dass er dem Alten auf den Leim gegangen ist. Aber mehr noch ärgert er sich darüber, dass er nicht gleich zugegeben hat, dass er in dem Buch nur nach Stellen zum Thema „Auge" gesucht hat.

Er schluckt ein paarmal.

Und jetzt? fragt er.

Und jetzt, wiederholt Freud, gilt immer noch, was ich vorhin gesagt habe. Sagen Sie einfach alles, was Ihnen durch den Kopf geht. Genauso hab ichs bei mir auch gemacht, nur dass ichs aufgeschrieben habe.

Koenig schweigt. Da hat ihn Freud bei seinem schwachen Punkt erwischt. Er redet nicht so gerne über sich. Was soll er tun? Am besten fängt er mit Erinnerungen an.

Also, sagt er, ich hab immer davon geträumt, einmal mit einem Ethnologen nach Afrika zu gehen und mit ihm zu forschen und mit meiner Kamera zu dokumentieren. Eigentlich bin ich ja Fotograf. Ich hab alles über Afrika gelesen, was mir in die Hände gefallen ist. Ich hab mich schon gesehen, wie ich mit den Stammesführern verhandle, weil ich gewusst hab, dass ohne sie gar nichts geht. Man erfährt nichts, man bekommt kein Material, man kann nicht fotografieren. Und es hätte mich interessiert, ob es stimmt, dass viele Eingeborene davon laufen, wenn sie einen Fotoapparat sehen, weil sie glauben, wir nehmen ihnen ihre Seele weg, wenn wir sie knipsen oder filmen.

Davonlaufen vor dem künstlichen Auge, das Sie sich vor das eine Auge halten, während Sie das andere schließen, unterbricht ihn Freud. Klick! Eine Seele. Klick! Noch eine …

Koenig ist gekränkt. Dieser Wiener Stadtmensch hat doch von Feldforschung keine Ahnung. Hier im Zimmer hocken, sich unsichtbar machen, hysterischen Frauen zuhören und dann großartige Schlüsse ziehen …

Ich glaube, ich gehe, sagt er.

Ja, gehen, kommt es von hinten. Nur keine Widerworte gegen den Papa, da kann die Wut noch so groß sein.

Koenig setzt sich mit einem Ruck auf. Lassen Sie meinen Vater aus dem Spiel! Der hat nichts mit meinem Traum zu tun. Und mein Ärger auch nicht.

Ja, richtig, der Traum, sagt Freud. Deswegen sind Sie ja gekommen.

Koenig hat das Gefühl, dass ihm alles durcheinandergeraten ist. Er hatte doch nur Freuds Meinung über einen Traum einholen wollen, und jetzt steckt er zwischen Vergangenheit und Gegenwart und weiß nicht, soll er gehen oder bleiben.

Eigentlich geht es Ihnen nicht um irgendeine Auskunft, sagt Freud, sondern ich soll Ihnen helfen, dass Sie den schrecklichen Traum nicht mehr träumen.

Nein … ja, antwortet Koenig. Er sitzt immer noch mit gestreckten Beinen auf dem Diwan. Sein Rücken schmerzt.

Warum wollten Sie eigentlich, dass ich liege? Wenn ich mit jemandem rede, will ich ihn doch anschauen.

Und nachts reden Sie mit niemandem? Mit Ihrer Frau zum Beispiel? Was wollen Sie denn an meinem Gesicht ablesen? Ob mir gefällt, was Sie sagen? Hier genügt es, wenn Sie sich selbst anschauen.

Koenig legt sich wieder hin. Er hasst Situationen, bei denen er nicht weiß, worauf sie hinauslaufen. Zugleich ist er neugierig.

Sie haben ja recht, sagt er. Ich mag solche Zustände nicht noch einmal erleben. Der Einäugige tut mir richtig weh, er verbrennt mir das Herz, und ich kann nichts dagegen machen. Mir ist, als müsste ich sterben.

Und so ein Gefühl kennen Sie im wirklichen Leben nicht.

Koenig sagt nichts. Ob er solche Gefühle kennt? Ja, wenn er sich geschämt hat als Kind, und später noch viel mehr. Erinnerungen kommen hoch. Er muss sich gar nicht bemühen. Damals in … Und dann das mit der … Ich hab mich nie mehr entschuldigt. Mein Gott, warum habe ich damals nicht verzeihen können … Wie beruhigend, dass er das alles vergessen hatte. Und jetzt hat er das Gefühl, als wollten die peinlichen Erinnerungen sich gegenseitig nach vorne drängen. Sie füllen sein ganzes Inneres aus. Ihm wird heiß bis unter die Stirne.

Es geht nicht um einen einäugigen Häuptling, hört er.

Koenig nickt.

Im Traum sind auch alle anderen Ich, sagt Freud.

Koenig denkt lange nach.

Sie glauben, ich schaue mich an, bis mir das Herz brennt?

Ein guter Einfall, sagt Freud. Wenn Sie sich mit dem Auge als Symbol befasst haben, dann werden Sie ja wissen, dass die manifesten Inhalte zu latenten Bedeutungen führen. Und von denen wollen wir manchmal lieber nichts wissen.

Das ist für Koenig ein wenig viel auf einmal. Er bräuchte etwas Zeit zum Sortieren. Da will er aber niemanden hinter sich sitzen haben.

Und warum mit einem Auge? fragt er.

Aha, murmelt Freud vor sich hin, Rückkehr zum Manifesten. Und dann deutlicher: Mit einem Auge? Vielleicht damit es Ihnen besonders tief geht. Unterschätzen Sie die List des Traums nicht. Ich weiß, wovon ich rede. Und vieles von dem, was Sie gesammelt haben, ist doch einäugig. Von tausend Augen lassen Sie sich anschauen. Wunderbares Material für Ihre Träume. Vielleicht ist es ja kein Zufall, dass gerade für Sie das Auge so wichtig geworden ist.

Aus der Wohnung über ihnen sind Stimmen zu hören. Hier tickt nur die Uhr.

Nach einer Weile erhebt sich Koenig und stellt die Füße auf den Boden. Er zieht sein Taschentuch und wischt sich die Augen.

Ich glaube, ich muss mich entschuldigen, sagt er nach langem Schweigen.

Er schaut den Alten an. Der hebt die Augenbrauen.

Ich hab in meinem Buch ein paar unfreundliche Bemerkungen über Sie und die Psychoanalyse gemacht.

Da sind Sie in allerbester Gesellschaft. Muss ichs lesen?

Lieber nicht, antwortet Koenig. Sie werden es auch so erfahren.

Er steht auf. Was bin ich schuldig?

Was es Ihnen wert ist, antwortet Freud. Draußen bei der Garderobe liegt ein kleines Tablett. Da legen Sie etwas drauf – oder auch nicht.

Er senkt den Kopf und sieht Koenig über seine randlosen Brillengläser hinweg an.

Ich habe übrigens noch eine Idee zu Ihrem Traum gehabt.

Koenig sieht ihn erwartungsvoll an.

Die augenlosen Eingeborenen und ihr einäugiger Häuptling.

Ja?

Ich hoffe, Sie sind mir nicht böse. Aber mir ist eine Redensart eingefallen, die mit Ihrem Namen zu tun hat.

Ja?

Unter Blinden ist der Einäugige König.

Koenig braucht einen Augenblick, bis der Groschen fällt. Dann platzt er los. Freud stimmt ein. Es schüttelt sie beide, bis ihnen die Tränen kommen. Sie bemerken nicht, dass die Bedienerin die Tür einen Spalt öffnet und dann wieder schließt.

Wenn ich der Einäugige bin, bringt Koenig mit Mühe heraus, wer sind dann die Blinden?

Alle, bei denen Sie König sind, antwortet Freud. Nein, im Ernst: Das müssen Sie selber herausfinden. Hausaufgabe. Wenn Sie noch einmal kommen wollen …

Ich denke drüber nach.

Koenig verlässt die Wohnung. Als er auf die Straße hinaustritt, fühlt er sich beschwingt wie schon lange nicht mehr.

Verzeichnis der Autoren und Herausgeber

Privatdozent Dr. Oliver **Bender**, Institut für Interdisziplinäre Gebirgsforschung, Österreichische Akademie der Wissenschaften, Technikerstraße 21a, 6020 Innsbruck, Österreich. Tel.: 0043/512/507/49430
e-mail: oliver.bender@oeaw.ac.at

Professor Dr. Irenäus **Eibl-Eibesfeldt**, Max Planck Gesellschaft für Humanethologie, Van der Tann Str. 3, 82346 Andechs, Deutschland.
Tel.: 0049/8152/373/15957
e-mail: eibl@orn.mpg.de

Professor Dr. Helmwart **Hierdeis**, Graf Berchtold-Str. 4, 86911 Diessen am Ammersee, Deutschland. Tel.: 0049/8807/947337
e-mail: Helmwart.Hierdeis@web.de

Dr. Sigrun **Kanitscheider**, Mairhof 14b, 6173 Oberperfuss, Österreich.
Tel.: 0043/5232/81895
e-mail: sigrun.kanitscheider@gmail.com

Professor Dr. Max **Liedtke**, Kirchhoffstr. 22, 90552 Röthenbach a. d. Pegnitz, Deutschland. Tel.: 0049/911/577522
e-mail: max.liedtke@t-online.de

Professor Dr. Gustav **Reingrabner**, Angerried 16, 2424 Zurndorf, Österreich. Tel.: 0043/2147/2745
e-mail: g.reingrabner@bnet.at

Mag. Dr. Bernhart **Ruso**, Gaiselberg 18, 2225 Zistersdorf, Österreich.
Tel.: 0043/2532/88480
e-mail: bernhart@ruso.at

Dr. Christa **Sütterlin**, Humanethologisches Filmarchiv in der Max Planck Gesellschaft, Von der Tann Straße 3-5, 82346 Andechs, Deutschland.
Tel.: 0049/8152/373163
e-mail: suetter@orn.mpg.de

Professor Dr. Hans-Christoph **Winkler**, Konrad-Lorenz-Institut für Vergleichende Verhaltensforschung, Department für Integrative Biologie und Evolution, Veterinärmedizinische Universität Wien, Savoyenstr. 1a, 1160 Wien, Österreich. Tel.: 0043/1/25077/7322
e-mail: hans-christoph.winkler@oeaw.ac.at